目击者文化指南

法国奶酪品鉴
French Cheeses

（日）增井和子 （日）山田友子 著

韩良忆 译

前言：乔艾尔·侯布雄

摄影：丸山洋平

葡萄酒顾问：罗伯特·维菲安

本书顾问：蓝道夫·哈吉森

DK

旅游教育出版社

時尚 TRENDS

伦敦，纽约
墨尔本，慕尼黑和德里
A Dorling Kindersley Book
www.dk.com

中华人民共和国国家版权局著作权合同登记图字：2010-01-615号
丛书策划：刘　权　丁海秀
责任编辑：安颖侠
图书在版编目（CIP）数据
法国奶酪品鉴/（日）增井和子，（日）山田友子著；韩良忆译.—北京：旅游教育出版社，2011.5
（目击者文化指南）
ISBN 978-7-5637-1995-2
I. ①法… Ⅱ.①增… ②山… ③韩… Ⅲ.①干酪—基本知识—法国 Ⅳ. ①TS252.53
中国版本图书馆CIP数据核字（2010）第099638号

目击者文化指南

法国奶酪品鉴

（日）增井和子　（日）山田友子　著
韩良忆　译

项目策划：北京时尚博闻图书有限公司
网　　址：www.book.trends.com.cn
出版单位：旅游教育出版社
地　　址：北京市朝阳区定福庄南里1号
邮　　编：100024
发行电话：（010）65778403 65728372
65767462（传真）
本社网址：www.tepcb.com
E-mail：tepfx@163.com
印刷单位：北京利丰雅高长城印刷有限公司
经销单位：新华书店
开　　本：920×1060　1/32
印　　张：9
字　　数：194千字
版　　次：2011年5月第1版
印　　次：2011年5月第1次印刷
定　　价：48.00元

目录

序言

终于——说到这两个字的时候，我真是满怀欣喜！这是因为，迄今为止出版界有关奶酪的书，其中包括皮埃尔·安图艾（Pierre Androuet）那本令人敬佩的著作，据我所知都没有一本附有这么多宝贵的照片，供读者辨识并选择熟成度恰到好处的奶酪。

这本书是写给关心生活中美好事物的人、喜爱奶酪的业余爱好者以及认真的美食家看的，它带领着各位周游法国许多地区，把一切有关奶酪的知识都教给各位，并协助各位选购奶酪。专门知识乃是鉴赏醇正地道风味的关键，本书正是一本可靠的指南，献给希望和朋友共享美味的人。本书内容清楚简洁且易读，引导读者进入奶酪制作的堂奥。行家读来津津有味，业余爱好者则乐于将其收入藏书行列中，以便随时参考并蒙受其利。

写作此篇序言，令我深感责任重大，从此我将与人分享我所知的一切。没错，我热爱奶酪！它是神奇的产品，和面包以及葡萄酒，同被列为餐桌上伟大的“三位一体”。

人类自有史以来就开始食用奶酪，记忆所及，它一直是法国的国民食品，反映出法国的自然环境和历史。它浓缩自一种赐予人生命的液体，即鲜乳，并使我们得以保存鲜乳的许多特质。早在罗马帝国时代，自然学家大皮理尼（Pliny the Elder）就曾论述过奶酪种类之多之广，奶酪产区多彩多姿的大地面貌、制酪农的巧艺，以及社会和经济发展的时代变迁。修道院制造奶酪的例子，或者以铎姆（tomme）或霍布洛雄（rebloshon）等奶酪来替代纳税的事例，正足以说明这一点。

总而言之，知道自己偏嗜哪种奶酪并且去购买，是何等令人心满意足之事。这是出自广博知识而作的选择，是展现理解与喜悦的成果。

乔艾尔·侯布雄（Joël Robuchon）

巴黎高级餐厅经营者兼知名主厨

如何使用本书

本书是理想的指南，读者在家、在附近的奶酪店或在法国旅游时，若需选择和辨识奶酪，本书可迅速提供参考。逾350种奶酪以英文字母的顺序加以编排，把同一派别或同一类型的相似奶酪分在同一组，并详列奶酪产地、制造方法、外观、气味和味道等细节。全书并列有特别说明栏，提供有用的背景资料。书末附有简明的名词释义，对实用的专业术语提出解释，其后还列有法国专售奶酪的商店及获得“产区名称管制”（AOC）认证的生产者。最后则是完整的索引，也指出本书各种奶酪购自何处。

一个完整的多孔奶酪

蓝纹奶酪 B 57

特米浓蓝纹乳酪
BLEU DE TERMIGNON

特米浓（Termignon）是出产此种乳酪的村庄名称，该村位于法国阿尔卑斯山海拔1300米处。这种美味非凡的乳酪品质优良，含脂量略多，天然且朴质，由于仅有一位妇女在夏季放牧山庄中制作，产量相当有限。这位女士在凡诺瓦（Vanoise）国家公园的高山上畜养了9头牛，喂以花草，而乳酪中的霉菌正是来自这些花草。霉菌传至牛乳中，使乳酪散发一种细腻的滋味。乳酪中的青霉是天然的，非人工添加，此点不同于其他大多数蓝纹乳酪。其蓝纹生长扩展较慢，分布也较不平均。乳酪外皮白、褐参半，很硬，看起来像石头，内芯则易碎。在4至5个月的熟成期间，要定时翻面并加以擦拭。

k	直径28厘米，高10厘米
g	7千克
b	50%
y	全年
S	生乳
e	多凯高级精选甜酒，丽维萨特特级葡萄园（VDN）

小巴亚
LE PETIT BAYARD

这种农庄奶酪产自多芬（Dauphine）地区的巴亚隘口（Col Bayard）酪农场，熟成期约1个月。

j	直径12～13厘米，高5厘米
g	450克
b	45%
y	全年
S	生乳
d	普罗旺斯丘

页眉

单一字母或某一组奶酪的名称，指明本页属于哪一字母顺序。

拉线图说

说明每一奶酪的外观。

地图

书中所载奶酪皆附有地图，以红点标示其产区。

区域和省份

地图上标明生产奶酪的行政区。具体可参见34、35页的法国行政区和省份地图。

加粗线

加粗线标示出这一组奶酪介绍完毕。

186 L

朗格勒（AOC）
LANGRES（AOC）

由名称即可看出，这一工匠奶酪源自香槟区朗格勒（Langres）的高原。形状像圆柱，顶端有个5毫米深的凹陷部位，叫做水池（fontaine），可用来盛接香槟或酒渣白兰地，让奶酪尝来十分可口，这是葡萄酒产区很特别的一种食用法。

奶酪表面黏湿光亮，气味颇浓。内芯结实柔软，入口即融，芳香四溢。咸味亦颇强，不过比勃艮第艾波瓦塞要温和（见166页）。图示的这个已完全成熟。

朗格勒大小尺寸兼备，熟成需在AOC指明的地区进行，为期5～6星期。奶酪置放于湿度95％的藏酪窖中，定时用手或用湿布沾盐水揉搓，大型奶酪熟成期最少21天，小型为15天。外皮用从美洲胭脂籽中抽取的红色染料染红，这一染料的法文为rocou，亦用于其他奶酪和奶油。

内芯呈白色至浅灰褐色，愈近中心愈软；未煮，未经压榨

水洗式外皮滑顺细致，呈砖红色至淡褐色

j 直径16～20厘米，高5～7厘米（大型）；直径7.5～9厘米，高4～6厘米（小型）
g 至少800克（大型）；至少150克（小型）
n 每100克奶酪至少42克
b 至少50%，每100克奶酪至少21克
y 全年
S 杀菌乳
w 香槟区酒渣白兰地

香槟－亚耳丁（上马恩）；洛林（佛日）；勃艮第（黄金海岸）

AOC规定：朗格勒

1. 切片的凝乳不得用水洗或揉捏。（不得使用浓缩乳或还原乳）
2. 盐水中可以添加胭脂籽，用来揉搓奶酪，以使奶酪外皮染上颜色。

AOC颁布于1975年

在诺曼底卡尔瓦多斯省奥日地区放牧的绵羊

奶酪名称

奶酪分类与具体奶酪名称都是按字母排序列出。有两个或更多名称的奶酪，所列第一个名称是当地叫法，而其他的则为更广为人知的常用名。“AOC”表示产区名称管制（见下方）。

正文

说明制造地、外观、味道和气味、某些AOC或较重要的奶酪，则也会提供制造法的细节。

基本要点

说明奶酪尺寸、形状、重量、含脂率、纯酪量以及购买与食用之最佳季节（见下方符号说明）。

产区名称管制规定栏

列出AOC（见28页）的奶酪制造法规中最重要的一些遵行要则。

使用术语说明

Affinage是法文，意指奶酪的熟成和腌制。

AOC的全称为Appellation d'Origine Contrôlée（产区名称管制），是负责管理重要奶酪品质和生产的政府机构，有关AOC的完整说明，请参见28页。

农庄、工匠、合作社和工厂奶酪，指的是奶酪制造法，完整说明请参见28页。

Pâte是法文，指的是奶酪外皮之下的内芯。

VDN是Vin Doux Naturel（天然葡萄酒）的缩写，是一种加强型葡萄酒。可参见“名词释义”（见276页）。

标示奶酪基本要点的符号

- 形状
- 重量
- 纯酪量——奶酪抽离一切水分后剩余物质的重量
- 含脂率——不含水纯酪量中所含脂肪成分。“未标明”意指未载明含脂比例
- 季节代表该种奶酪通常于何时食用
- 所用原料乳为牛生乳、高温杀菌乳等
- 所用原料乳为绵羊
- 所用原料乳为山羊
- 啤酒或苹果酒
- 香槟
- 咖啡
- 红酒
- 白葡萄酒或玫瑰红酒
- 烈酒(如酒渣白兰地［marc］)

EXTRA
PAYS D'AUGE

导言

奶酪的起源

"与我同歇于绿叶之上：我们享用熟透的果子、丰软的栗子，还有许多新鲜的奶酪。"

——古罗马诗人维吉尔（VIRGIL），公元前42年

奶酪是人类最早制造的食品之一，第一份有关奶酪记载的真凭实据，保存在古代苏美尔人公元前3000年的文献中，里头记录了约20种的软奶酪。在欧洲和埃及出土的制造奶酪器具遗迹，似乎也可追溯至公元前3000年左右。然而，人类究竟何时开始制造奶酪，我们只能猜个大概。可能性最高的理论为，大约在公元前10 000年，当人类开始驯养绵羊和山羊时，部落先民便开始利用酸羊乳分解为凝乳与乳清的现象。他们沥去凝乳中的水分，加以塑形、晒干，从而造出一种简单且有营养的食物。由于牛只到相当晚期才被驯养，因此在人类开始制作绵羊和山羊奶酪之后的两三千年，才出现牛乳制作的奶酪。

牛乳做的奶酪

人类自从数千年前开始驯养牛只以来，即精挑细选地蓄养繁殖牛，以取得量多质精的牛奶来制造奶酪。

古希腊的奶酪

有关奶酪和制造奶酪的文字，散见于包括《旧约》在内的古代文献，荷马的史诗《奥德赛》叙述奥德修斯率领手下藏匿在独眼巨人的洞穴里，巨人替他的羊和山羊挤奶后，让一半的奶水凝结，沥干凝乳的水分，放入柳条篮里，置于一旁。

罗马人的奶酪

罗马人喜欢吃生奶酪，也爱吃煮熟做成糕饼状的奶酪，叫做glycinas，它是用甜白葡萄酒和橄榄油制成。罗马时代的农业作家柯鲁梅纳（Columella）在写于公元60年至65年的农业论文中，叙述了如何用新鲜的奶水来制造奶酪：首先要添加凝乳素（coagulum），也就是从羔羊或小山羊第四个胃的内膜中萃取出的一种凝

乳性物质，接着压榨凝乳以去除乳清，再沥盐并置于阴凉处使之变硬。柯鲁梅纳说，盐不但可加强奶酪的风味，还有助于奶酪变干，易于保存。接下来，要再重复沥盐加快奶酪变干的过程，熟成的奶酪经水洗、晒干，然后加以包装，运至外地，很可能是运送到军队的库房，因为奶酪乃军团每日的配粮。据说恺撒大帝曾在侯格堡（Roquefort）以西的圣阿非利克（Saint-Affrique）吃过蓝纹奶酪，侯格堡迄今仍在生产一种举世闻名的蓝纹奶酪。

奶酪匠

在法国，制造和贩卖奶酪的人，通称奶酪匠（fromager ），其中有为数不少的工匠仍沿用代代相传的传统技术，从事制造与熟成奶酪的家族事业。

奶酪与语言

罗马帝国时代四通八达的道路，不但形成了交通网络，也影响着各种语言文字。拉丁文中的奶酪 casens，变成意大利文中的caclo、德文中的 Käse、英文中的cheese，还有西班牙文中的queso和葡萄牙文中的queijo。意大利文中的fromaggio和法文中的fromage，也衍生自拉丁文，不过其字源为希腊的formos——独眼巨人用的柳条篮。

古老的熟成技术

许多熟成奶酪的技术已传承了数千年。奶酪经过熟成（affinage）这一过程而变硬，得以保存较久。

罗马帝国之后

罗马帝国分崩溃败后不久，蛮族入侵者统治了欧洲许多地方，后来诺曼底人、蒙古人和阿拉伯人相继入侵，加上黑死病连续肆虐，欧洲大陆满目疮痍。传承了好几千年的制造奶酪古法，逐渐被人忘记，只在高山地区和偏僻的修道院里尚存一息命脉。在这些地方，若干最古老的奶酪传统制造方法留存下来，使我们在今日仍得以品味其妙。

法国奶酪的分类

“一块奶酪可以见证时光流逝的神奇。”

——路易斯·布努埃尔（LUIS BUNUEL）

法国奶酪是如此伟大，以至于进到一家奶酪商店或储存奶酪的地方，会让人有点不知所措，更不要说了解辨识种类繁多的各种奶酪间的差别了。尽管如此，法国奶酪还是有一些基本分类的，比如按照用乳种类的不同，可分为牛奶酪、山羊奶酪、绵羊奶酪（见21页），按照制作方法的不同也有明确分类。用乳、制作方式等因素都会影响到奶酪成熟的内芯和外皮。

本书涉及的每一款奶酪介绍都包含一个信息栏，显示了该奶酪的用乳种类、常规尺寸、重量、干物质比例、脂肪含量、有效期等信息。拉线图说明了奶酪内芯和外皮的特质。大多数奶酪熟成时间的长短和方式也有所详述。

熟成中的山羊奶酪

依据奶酪种类的不同，熟成时间从几天到几个月不等。

以下是对主要奶酪种类（按照奶酪的内芯、外皮特质及制作方法分类）的简要概述。

新鲜的无皮奶酪

这些奶酪在制作过程中即被塑造定型，没有熟成期。这类奶酪的代表包括俗称的“新鲜奶酪”（fromage frais，见176－180页）及布尔桑（见257页）。

柔软的奶酪

许多法国奶酪都有柔软的内芯，这些奶酪的进一步分类要视其外皮状况而定。卡蒙贝尔（见92页）和布里（见80页）或许是最著名的柔软奶酪的代表，它们的外皮都有一层白霉。其他的这类奶酪还包括夏乌尔斯（见102页）、新堡（见196页）以及许多三重脂奶酪和双重脂奶酪（见256－261页）。

有些柔软奶酪拥有水洗式外皮。孟斯戴（见192页）和几款科西嘉奶酪即是如此。

还有一类柔软奶酪拥有天然霉。许多山羊奶酪，如卢瓦尔河山羊奶酪（见104页）、柯恩山羊奶酪（见112页）就属于这一类。它们中的一些在熟成过程中，表面会逐渐覆上盐霜或炭灰，加重了其口味，如杜兰圣穆耳（见108页）。

蓝纹奶酪

蓝纹奶酪家族（见51－57页）、佩西耶

牛乳在法国奶酪中被广泛应用，从柔软的布里到硬硬的伯堡 ▶

绵羊与奶酪制造

比利牛斯山区的村民们用绵羊乳制作未煮、经压榨、半硬、有天然霉的奶酪，这一传统由来已久。

（见204页）及著名的侯格堡（见216页）是杰出的有着蓝霉纹路的蓝纹奶酪。

经压榨的奶酪

熟成期间，有些奶酪被置于压力之下以排除其中部分水分。至于具体压榨到什么程度取决于这一奶酪是要被做成半硬的还是全硬的（未经压榨的奶酪被归类为柔软奶酪）。

半硬奶酪

半硬奶酪大多覆有天然霉，如圣奈克戴尔（见224页）、比利牛斯绵羊奶酪（见66–79页）、康塔尔及其支系（见94页），以及多种萨瓦铎姆奶酪（见231–238页）。

还有一些半硬奶酪拥有经水洗、擦拭而产生的蜡状物质，如伯蒙（见47页）、莒沙吕港（见209页），它们都是工厂奶酪。

挤奶

一头母牛一年的产奶量是山羊的10倍、绵羊的30倍。

全硬奶酪

孔泰（见142页）与伯堡（见48页）是在熟成过程中经压榨而拥有全硬内芯的奶酪，非常受欢迎。

大多数法国奶酪的内芯在熟成过程中都是未煮的。像孔泰、伯堡这样的奶酪，制作过程包含将乳加热的，被称为“煮过”的奶酪。

乳清奶酪（见181页）和科西嘉布侯西聿（见146页）是这种清淡温和、容易涂开的奶酪的代表。

其他奶酪

本书所介绍的产品还包括以奶酪为基料的乳制品，如酒精奶酪（见173–175页）。这些奶酪或浸泡于葡萄酒中，或表面覆着药草。加工奶酪（见23页）属于另一组群。

法国奶酪用乳种类

法国奶酪的用乳包括牛乳、山羊乳、绵羊乳，以及这几种乳的组合。奶酪的用乳决定着其最终口味。浓度最高的是绵羊乳，以其制成的奶酪风味强烈，余味绵长。

每年，一头牛可产奶逾305天，6 065千克；山羊为逾240天，644千克；绵羊为逾180天，200千克。

奶酪既可用生乳也可用高温杀菌乳制作。生乳是在奶酪制作前未经加热且在挤出后立即使用（最长不超过12小时），如果挤出后立即将其冷冻至4℃，即可在储存的24小时内使用。生乳包含天然菌，制出的奶酪口味丰富。所有的农庄奶酪都是用生乳制作的。某些AOC奶酪（见28页）被规定必须以生乳制作。

高温杀菌乳会被低温或高温处理。所谓低温处理，是先将原乳在72℃至85℃的条件下加热15秒，然后迅速将其冷冻至4℃。这样便减少了原乳所含菌的数量，使其可储存相当长的时间。高温杀菌乳被广泛用于工厂奶酪的制作（不要与煮过的奶酪的概念混淆，见20页）。以高温杀菌乳大规模生产的奶酪，口味比较单一。

不同奶酪成分及其重量

	牛乳	山羊乳	绵羊乳
脂肪	35～45 g	30～42 g	65～75 g
蛋白质	30～35 g	28～37 g	55～65 g
乳糖	45～55 g	40～50 g	43～50 g
矿物质	7～9 g	7～9 g	9～10 g
水	888～915 g	892～925 g	838～866 g
净重约	1 032 g	1 030 g	1 038 g

（数据源自《乳品生产》第一册［1996］，卡路里列表［1992］）

生命的味道

在阿尔卑斯山坡放牧的绵羊所产的羊乳，有着它们所吃下的阿尔卑斯野花的味道。

奶酪、葡萄酒与面包

“正如葡萄酒是最佳的饮料，奶酪可能是最佳食品。”

——佩萱丝·葛雷(PATIENCE GRAY)，1957年

有史以来，奶酪和葡萄酒在法国始终被视为天造地设之合。直到今日，人们仍然如此认为，不过，我们也别忘了面包，有了面包，三者的联盟方才巩固。确实，人生在世，没有什么能比一方已熟成的上好农庄奶酪，搭配一杯葡萄佳酿，还有一块刚出炉的面包，更令人享受的乐事了。此三者的联盟有一项最大的好处，亦即奶酪、葡萄酒和面包都是不怎么需要烹调即可“生食”之物，这使得它们成为速简点心和野餐的理想选择。也正因如此，法国农家代代在田里干活时，皆仰仗当地特产奶酪、葡萄酒和面包来补充体力，也就不足为奇了。

搭配奶酪的酒
最适合搭配奶酪的葡萄酒，就是你所喜欢的那一种。多试几种不同的组合，即可逐渐了解自己的口味。

餐桌上的“三位一体”

奶酪、葡萄酒和面包因为有着密切关联，故有时被称为餐桌上的“三位一体”，此说法可能是法国人道主义者哈布雷 (François Rabelais) 所创，其笔下文字证明其人热爱美食。他于1494年左右出生于希浓 (Chinon)，因此当然尝过至少几种杜兰地区 (Touraine) 迄今依然闻名的美味山羊奶酪。

哈布雷大半生是罗马天主教修士，故而对圣父上帝、圣子耶稣基督和圣灵三位一体不可分离的观念十分熟悉，然而连他都承认，有些奶酪配上水果，吃起来比配面包更美味：“你拿什么都比不上奶酪老爷和梨子主妇的搭配。”

香脆法国面包
这种长而脆的棍子面包自古以来即讲究要吃新鲜出炉的，配上一块奶酪和上好的葡萄酒，即是简单且适口充饥饿的一餐。

酵母和细菌的作用

面包、奶酪和葡萄酒是以不同的物质制成，面包的原料为谷物，葡萄酒的原料为葡萄，奶酪的原料为鲜乳，尽管如此，三者皆需仰赖酵母和细菌来发展其风味。未经发酵作用带来的变化，面团不会膨胀，葡萄酒无法产生酒精，而奶酪尝起来根本没有奶酪味。此外，发酵作用也使这三样产物得以保存。正如葡萄酒的风味、醇度和香气，得视葡萄品种、制造技术以及陈年的技术与年份长短而定，奶酪的味道、质地、风味和气味亦视其原料乳，以及制造和熟成奶酪的方法而定。制作奶酪的原料乳，有牛乳、山羊乳、绵羊乳以及牛、羊混合乳。

配合的面包

搭配食物时，应注意外观、质地、温度、风味或气味的协调和对比，一切全看个人偏好。有项简单的基本规则，那就是愈细致的奶酪，愈应搭配较白且比较不咸的面包，而含香料的面包，通常用酸奶制作，因此其中已有乳制品的风味，配上重味的蓝纹奶酪，最是对味。

搭配什么葡萄酒

关于该用什么葡萄酒来搭配某一种食物或某一道菜，目前已经有不少见解，然而这当中并无颠扑不破的规则。何者是最佳选择，大概还是得视个人口味而定，因为不同的人自然会对不同的组合有所偏爱。要了解并培养个人的喜好，只有一个办法，就是尽量尝试用多种酒和各种食物来搭配。

肉类之外的选择

以富含蛋白质的奶酪取代肉类当做主菜，配上马铃薯、新鲜生菜沙拉和上好的葡萄酒，可令人胃口大开。

加工奶酪

瑞士人大约在1908年发明加工奶酪，他们善于利用过剩的奶酪。1911年，瑞士的葛柏公司（Gerber）用艾曼塔制作加工奶酪，上市销售；同一期间，美国也开始制作加工奶酪。欧洲第一家大量制造加工奶酪的工厂，由葛拉夫兄弟（the Graf brothers）于1917年在法国侏罗成立。1921年，里昂 贝尔（Leon Bel）将微笑母牛（La Vache Qui Rit）奶酪的商标登记注册。1953年，法国颁布法令，对加工奶酪至少应有多少含脂量和纯酪量，作出严格规定，从而立法完成，此项法令在1988年重修。

加工奶酪和真正的奶酪并不一样。首先把一种或数种成熟奶酪加热、混合，然后加入其他乳制品，比方鲜乳或奶粉、乳脂、奶油、酪蛋白、乳清和调味料，接着以高温（130℃~140℃）杀菌。加工奶酪可以在货架上长期陈售，不过奶酪原有的风味在加工时会发生变化。

有些加工奶酪是以数样属于同一种类的成熟奶酪制作，有的则是用不同种类的奶酪混制。最常用来制造加工奶酪的包括艾曼塔和康塔尔奶酪，不过有时亦会用圣保林奶酪（见180页）或侯格堡奶酪（见178页），好让味道有点变化。加工奶酪有时会用胡椒、香草、火腿、洋葱、蘑菇甚至海鲜来调味。

早安

这是一种很普遍的罐装加工奶酪，还特别为了法国军队而每年生产两次。保存期限长，有原味和火腿两种口味。

诺曼底奶酪

诺曼底以其优质的黄油和世界知名的奶酪，如卡蒙贝儿、主教桥等而闻名。这些奶酪与卡尔瓦多斯苹果烧酒搭配简直是一绝。

比起以数种材料烹制而成的菜肴，奶酪是种独一无二的产品，比较容易配上适宜的酒。配酒的原则通常是看奶酪的质地和味道，而非气味而定。某种特定的酒常常因为与某种特定奶酪十分相似、彼此成对比性或性质互补，而被选来与此种奶酪搭配。

温和丰润、含脂量高的奶酪，很适合搭配类似的温和圆润的葡萄酒；而酸味强的奶酪，则和酒精度高的甜酒形成绝妙对比；很咸的奶酪则可和酸度适口的酒形成互补。不妨把以下通则牢记在心：奶酪的熟成期愈长，愈能宰制、“攻击”葡萄酒的风味。

许多人误以为奶酪只能配红酒。其中一个主因或许是由于奶酪通常在餐后才上，而在喝了红酒之后，尤其是浓郁的红酒，很难回头再去品味不甜的白葡萄酒。不过说实话，有不少奶酪更适合佐以白葡萄酒，而非红酒，不妨尝试不同的组合，亲自品味一下各种口感。

本书所载的酒由劳勃·魏菲安和伊莎贝拉·魏菲安（Robert and Isabelle Vifian）推荐，其中有不少酒和搭配的奶酪，都来自同一地区。魏氏伉俪选择的依据，往往是当地民众自古以来习于配对的葡萄酒和奶酪。

不过，葡萄酒并不是唯一适合搭配奶酪的饮品，在葡萄酒产量稀少甚至不产的地区，如诺曼底，奶酪通常更适佐以上等的当地啤酒或苹果酒（cider），有时甚至配上咖啡。品尝曾渍泡在水果白兰地（eau-de-vie）中的奶酪时，不妨尝试佐以质优的酒渣白兰地（marc）。

读者应该牢记，本书的选酒建议只是参考方针，最重要的原则当然是你自己的口味和喜好。

奶酪的营养价值

奶酪因富含营养，常常被推荐为适合孩子和老人食用的食品。与原乳本身相比，它以更高的浓度，提供了同样丰富的营养——脂肪、蛋白质、矿物质（钙、磷）、维生素（维生素A、B族维生素），只是，水分变少了。蛋白质转化为了消化系统更易吸收的氨基酸。钙与氨基酸结合也可被大体吸收。奶酪还含有β-胡萝卜素（维生素A）；奶酪唯一缺少的营养要素是维生素C和纤维素。奶酪与水果、蔬菜一起吃，便是可提供几乎所有营养的饮食。

每100克奶酪的营养价值

	蛋白质	脂肪	钙	热量
新鲜奶酪	6.5～9.6 克	0～9.4 毫克	75～170 毫克	44～160 卡路里
柔软奶酪（如卡蒙贝儿）	20～21 克	20～23 毫克	150～380 毫克	260～350 卡路里
未煮、经压榨的奶酪（如铎姆）	24～27 克	24～29 毫克	657～865 毫克	326～384 卡路里
煮过、经压榨的奶酪（如巩德）	27～29 克	28～30 毫克	900～1100 毫克	390～400 卡路里
蓝纹奶酪（如侯格堡）	20 克	27～32 毫克	722～870 毫克	414 卡路里

当地特产

法国东北部是朗格禾奶酪的家乡，这一奶酪通常与当地榨渣香槟搭配食用。

法国奶酪现状

“要治理好拥有325种奶酪的国家是不容易的。”
——戴高乐将军（General Charles de Gaulle）

自从戴高乐40多年前说出这一名言以来，据最近的估计，法国生产的奶酪已增至约500种，如果把局限于产地家庭手工制造，别处找不到的奶酪也算进去，数目还会更多。单从这些数字即可推论，法国的奶酪制造业欣欣向荣，官方的统计数字以及许多商店、餐厅和超市里供应的琳琅满目的奶酪，都证实了这一看法。

转变中的态度

素食人口日益增多，以及现代人白天偏好小吃，而不喜欢一本正经地坐下来享用餐食的现象，皆有利于奶酪发展。几片奶酪配上面包和佐餐的沙拉、水果，就成了简便的一餐，没有什么能比这么吃更轻松简单、适口充饥又富于营养了。怪不得在正式的午、晚宴中，依然可见餐后奉上奶酪。然而，愈来愈多人同意，除非事前控制好摄食分量，留些胃口给奶酪，否则只有大胃王才吃得下。

超市效应

超级市场增加，令法国奶酪的销售和制造都产生大幅转变，即使在传统的法国乡村地区，从家用杂货、食品到饮料无所不卖的村落小店，也逐渐为超市取代。尽管有人已经忘记曾因在村落小店里买不到所要东西而产生的失望滋味，不断地抨击超市，但超市的确促使物价降低，并提供更多较新鲜的产品。不过，奶酪却为超市带来困扰，因为大多数的奶酪若想熟成至质地、风味皆达巅峰，都需要专门的照料。小村杂货商可能具备把卡蒙贝尔奶酪或布里奶酪呵护培养至成熟阶段的知识与耐性，但也担负着一不小心，奶酪会变得又臭又老，没人要买的风险。超市仰赖迅速的物流，最擅长销售量多且一致的商品，并无法承担这一风险，因此偏好出售工厂（industriel）奶酪，而非工匠（artisanal）奶酪或农庄（fermier）奶酪。

种类日增
由于人们日渐要求有更多种类的奶酪，促使卡蒙贝尔等奶酪量产化，这种奶酪如今在全世界都买得到。

奶酪专卖店

无论是大城还是小镇，奶酪专卖店都是可购得最佳奶酪之处。与热爱美酒的人一样，爱好奶酪的人这方面的知识愈来愈精，对品质要求也愈来愈高。他们讲究奶酪的特性和风味，而奶酪工匠依传统方法细心呵护，才赋予了奶酪个性，工厂里的技师用科学方法是做不到这一点的。

传统奶酪制造工匠的后盾，是农民细心的农艺，这些农民生产最优质的鲜乳。不过，受到欢迎的不只是传统奶酪，法国许多地区小农庄里以手工生产、限量开发的新奶酪，也深受喜爱。

迈向未来

近50年，法国奶酪制造业必须遵循的若干欧洲规定，往往是依据工厂方法论而立，并未考虑到农庄的状况。这些规定多半由科学家所拟，因此不利于法国不少工匠奶酪和农庄奶酪制造者，他们当中有些人是用代代相传的古法来制造奶酪。除非是亲自体会，一块上等的手工制造农庄奶酪，品质竟远远优于工厂大量生产的奶酪，否则永远不会了解，保护并提倡小规模的奶酪制造，为何如此重要而且值得耗时费力。

总括而言，要维系许多法国传统奶酪的前途，大家必须知道当下有哪些奶酪；进到一家商店或餐厅，应该晓得要挑选及购买什么奶酪；如果没看到某种奶酪，就必须开口要求供应。本书将为各位读者提供寻找法国奶酪的一切资讯。

奶酪市场

有些最棒的地区性农庄和工匠奶酪，可以在奶酪市场找到，当地的奶酪制造者常常会在市场设摊。

产区名称管制（AOC）

“侯格堡奶酪应该跪着吃。”

——格利蒙德·德·拉·黑尼埃何（GRIMOD DE LA REYNIERE），1838年

目前已有42种法国奶酪获颁产区名称管制（AOC）资格，这是一个针对法国葡萄酒、乳制品、农产品的法规。AOC认证确保了在法国特定产区、依特定方法制造的产品品质。对AOC奶酪制作者而言，严格的法律规定使得其所产的奶酪没有滥竽充数者。对于购买者而言，AOC提供了有效的制作者信息，不仅保证了品质，也为那些看起来十分相似、容易混淆的奶酪，如莫城布里（见80页）与默朗布里（见82页），标明了差别。

AOC奶酪法定标志

许多AOC奶酪都历史悠久，如成熟的侯格堡奶酪（见216页），即在1411年就被查理六世专门授予侯格堡地区的人们。1666年的一项相关法规中也提到了这一奶酪，后来AOC在这一个规定的基础上进行了完善。

原产地保护法建立于1919年5月6日。而今，法国农业部的一个下属机构——国家原产地学会（INAO），负责AOC法规的执行。

AOC 分类及生产条件规定

AOC认定的4种主要生产种类为农庄、工匠、合作社及工厂。农庄类并非品质认证——它仅仅代表这种奶酪是依传统方法制造的。

分类	生产条件	生产规模	奶酪于何处销售
农庄奶酪（在农场\山间小屋或其他山区人家中制造）	个体生产者用自家农场挤的奶（牛乳\山羊乳 \绵羊乳）依传统方法制作。不能用其他农的原乳。而且必须用生乳	小规模	当地市场及大城镇的一些奶酪店。一部分出口至他国
工匠奶酪	个体生产者用自家牲畜的原乳或购买原乳来制造奶酪（制造者是奶酪品的所有者，原乳可以从他处购买）	小至中等规模	当地市场及城镇和郊区的奶酪店
合作社奶酪	用合作者提供的原乳制造特定品种的奶酪	中等至大规模	法国各地
工厂奶酪	原乳购自许多产商，有时甚至是较远地区的产商。生产过程工业化	大规模	法国各地；有时出口至他国

AOC 奶酪

下面的表格按照字母排序列出了AOC奶酪的相关信息，包括其获颁AOC的年份、基本用乳种类等。最右一栏为在本书中第几页可找到关于此款奶酪的具体介绍。书中的介绍包括当前法规中关于受欢迎奶酪的要点规定。AOC官方刊物对每一款获AOC资格的奶酪都有详细描述，如用乳种类、产地、制作方法、熟成期等。生产者们都严格遵守AOC法规，因为一旦违反规定将被起诉，处罚包括监禁3个月至1年，还要缴纳罚款。

AOC奶酪很好辨识，它们商标上都会有原产地名称标记。本书的后页部分列出了AOC生产者的相关信息，包括联系信息及国家原产地学会的具体介绍。

奶酪	AOC颁布年份	用乳种类	页码
丰厚	1990	牛	40
巴侬	2003	牛 山羊	46
伯堡	1976	牛	48
奥弗涅蓝纹奶酪	1975	牛	51
喀斯蓝纹奶酪	1979	牛	52
上侏罗蓝纹奶酪	1977	牛	53
萨瑟纳吉蓝纹奶酪	1998	牛	56
莫城布里	1980	牛	80
默朗布里	1980	牛	82
布侯西聿	1983	山羊 绵羊	146
诺曼底卡蒙贝尔	1983	牛	92
康塔尔	1980	牛	94
布瓦度夏比	1990	山羊	105
夏乌尔斯	1977	牛	102
纯山羊奶酪	2002	山羊 牛	109
巩德	1976	牛	142
夏威纽柯霍丹	1976	山羊	104
勃艮第艾波瓦塞	1991	牛	166
昂贝圆柱奶酪	1976	牛	167
蒙布里松圆柱奶酪	2002	牛	167
莱悠乐	1976	牛	98
朗格禾	1991	牛	186
立瓦侯	1975	牛	187

奶酪	AOC颁布年份	用乳种类	页码
玛华依	1976	牛	188
金山(上杜肖牛奶酪)	1981	牛	273
墨比耶	2000	牛	194
孟斯戴	1978	牛	192
新堡	1977	牛	196
欧梭-依哈迪-比利牛斯绵羊奶酪	1980	绵羊	66
贝拉东	2000	山羊	203
皮科东	1983	山羊	206
主教桥	1976	牛	208
布里尼圣皮耶	1976	山羊	104
霍布洛雄	1976	牛	213
侯卡玛杜	1996	山羊	88
侯格堡	1979	绵羊	216
杜兰圣穆尔	1990	山羊	109
圣奈克戴尔	1979	牛	224
萨雷	1979	牛	96
塞勒须雪	1986	山羊	110
伯吉多脂农庄铎姆	2002	牛	233
华朗塞	1998	山羊	111

山区山羊

AOC皮科东奶酪所用的是海拔较低的罗讷河地区的山羊乳。

选购、储藏、品尝奶酪

购买奶酪

选择一家享有盛誉、经营良好、店员能提供有效帮助的店（278页有一份在法国的奶酪店的精选列表）。

店面一定要干净，奶酪应当着顾客的面现切。与品种丰富相比，奶酪的品质和出售时的状态更为重要。学会如何挑选奶酪，刚开始时，可先观察后品尝，随着经验的积累，眼睛和味觉便可同时发挥作用。

不要买太多，吃多少买多少。大块的、经压榨且煮过的奶酪（如艾曼塔）及熟成较好的山羊奶酪通常比较好保存。不要买事先包好的奶酪，因为这样的奶酪一般不如在店里现切的好。

储藏奶酪

含有机物的奶酪不要与空气绝缘保存，但保持其干燥是很重要的。依照惯例来看，大块奶酪更易于储藏。理想的储藏地点是阴凉、避光、通风的房间。冰箱虽然避光，但其内缺乏新鲜空气。只要遮盖住奶酪的切口面即可，让它能透过其外皮或外壳呼吸。包裹柔软的奶酪时不要包得太紧。用防油纸或蜡纸，不要用保鲜膜。

不要将奶酪和有刺激性气味的食物放在一起，因为奶酪在呼吸的时候会吸收浓烈的气味并腐烂。

如果只有少量奶酪，可在遵从上面所提到的注意事项的同时，用防油纸或蜡纸包裹后放在冰箱里短期保存。

品尝奶酪

让凉的奶酪“热身”半小时再吃，这样有利于其口味和香气“苏醒”。如果空气不够湿润，可用潮湿的粗棉布（cheesecloth）将其覆盖。切奶酪时，确保每一片都包含等量的外皮和内芯。依个人口味的不同，可以保留或去掉坚硬的外壳。

奶酪最好和面包、葡萄酒一起搭配品尝。熟成良好的奶酪、新鲜酥脆的面包、上好的葡萄酒，世间美味的顶级享受也不过如此。

奶酪展示

这家普罗旺斯的食品店正在出售圣玛瑟林奶酪，奶酪已在榨渣葡萄酒中成熟，表面覆盖的葡萄插穗加强了其口味。

诺曼底的菲利普·奥利弗（Philippe Olive）奶酪店 ▶

如何切奶酪

务必牢记最重要的一点：分切奶酪的目的，是为了让每个人都能分享到奶酪从外皮到内芯的每一部位。切割奶酪的方式，主要视其形状和大小而定，图示为本书中若干种奶酪典型的切割方式。

华朗塞 (见111页)

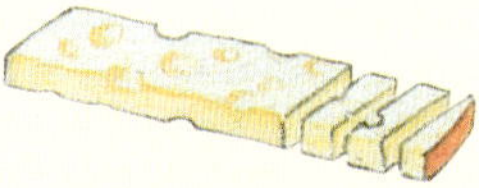
艾曼塔 (见164页)

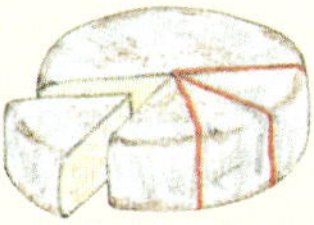
卡蒙贝尔 (见92页)

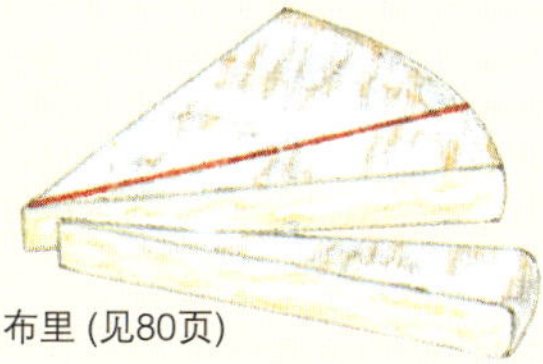
布里 (见80页)

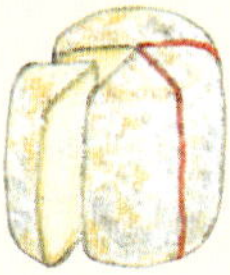
夏侯勒 (见119页)

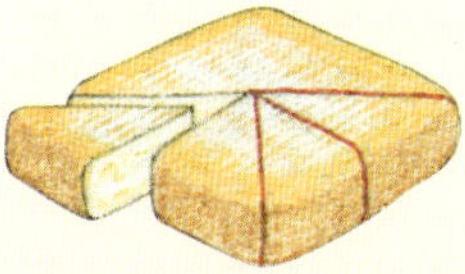
主教桥 (见208页)

皮科东 (见206页)

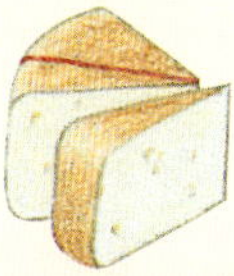
艾波瓦塞 (见166页)

铎姆 (见231页)

EXTRA
PAYS D'AUGE

LA TENT
JULES LECONTE À VIMOUTIERS (ORNE)

法国奶酪指南

VIMOUTIERS (ORNE)
FABRIQUÉ EN NORMANDIE
OF FRANCE
SPEZIALITAT AUS ROHMILCH
DE LA

法国地图

跨页地图标出法国的行政区（regions），每一个行政区乃由若干标准大小的省（departements）组成，共有96省，22区，如下所载。要找出奶酪产地，首先查阅书中介绍的个别奶酪所附小地图，记住图说中的行政区名以及省份代码，红点表示产地在图上的大致方位，下表列出各省名称，其中有不少以河流命名。

阿尔萨斯(Alsace)：
下莱茵(67)，
上莱茵(68)

阿基坦(Aquitaine)：
多尔多涅(24)，
纪龙德(33)，
朗德(40)，
洛特—加洪尼(47)，
比利牛斯—大西洋(64)

奥弗涅(Auvergne)：
阿里埃(03)，
康塔尔(15)，
上卢瓦尔(43)，
多姆山(63)

勃艮第(Bourgnogne)：
黄金海岸(21)，
涅夫勒 (58)，
索恩—卢瓦尔(71)，
荣纳(89)

布列塔尼(Bretagne)：
阿摩尔海岸(22)
菲尼斯泰尔(29),
伊尔—维兰(35),
莫尔比昂(56)

中央区(Centre)：
歇尔(18)，
厄尔—卢瓦尔(28)，
安德尔(36)，
安德尔—卢瓦尔(37),
卢瓦尔—歇尔(41)，
卢瓦雷(45)

香槟—亚耳丁
(Champagne-Ardenne)：
阿登(08)，
奥布(10)，
马恩(51)，
上马恩(52)

科西嘉(Corse)：
南科西嘉(2A)，
上科西嘉(2B)

弗朗什—孔泰
(Franche-Comte)：
杜(25),
汝拉(39)，
上索恩(70),
贝尔福特地区(90)

法兰西岛大区 (Ile-de-France)：
巴黎（市区）(75)，
塞纳—马恩
(77)，
伊夫林(78),
埃松(91)，
上塞纳(92)，
塞纳—圣德尼(93),
瓦尔德马恩(94)，
瓦尔德瓦兹(95)

朗格多克—鲁西永
(Languedoc-Roussillon)：
奥德(11)，
加尔(30)，
埃罗(34)，
洛泽尔(48)，
东比利牛斯(66)

利穆赞(Limousin)：
科雷兹(19)，
克勒兹(23)，
上维埃纳(87)

卢瓦尔河区
(Loire[PaYs de la])：
卢瓦尔—大西洋(44),
曼恩—卢瓦尔(49)，
马耶纳(53)，
萨尔特(72)，
旺代(85)

洛林(Lorraine)：
默尔特—摩泽尔(54)，
默兹(55)，
摩泽尔(57)，
佛日(88)

中比利牛斯
(Midi-Pyrenees)：
阿里埃日(09)，
阿韦龙(12)，
上加洪纳(31)，
厄尔(32)，
洛特(46)，
上比利牛斯(65),
塔尔纳(81)，
塔尔纳—加洪纳(82)

北加莱海峡 (NOrd-Pas-de-Calais)：
诺尔(59)，
加莱海峡(62)

上诺曼底
andie[Haute-])：
厄尔(27)，
塞纳滨海(76)

下诺曼底
(rmandie[Basse-])：
卡尔瓦多斯(14)，
芒什(50)，
奥恩(61)

皮卡第(Picardie)：
埃纳(02)，
瓦兹(60),
索姆(80)

普瓦图—夏朗德
(Poitou-Charentes)：
夏朗德(16)，
夏朗德滨海(17),
德塞夫勒(79)，
维埃纳(86)

普罗旺斯—阿尔卑斯—蔚蓝海岸(Provence-Altoes-Cote-d'Azur)：
上普罗旺斯阿尔卑斯(04)，
上阿尔卑斯(05)，
阿尔卑斯滨海(06)，
罗讷河河口(13)，
瓦尔(83),
沃克吕兹(84)

罗讷河—阿尔卑斯
(Rhone-Alpse)：
安(01)，
阿尔代什(07)，
多洛姆(26)，
伊泽尔(38)，
卢瓦尔(42)，
罗讷河(69)，
罗讷河萨瓦(73)，
上萨瓦(74)

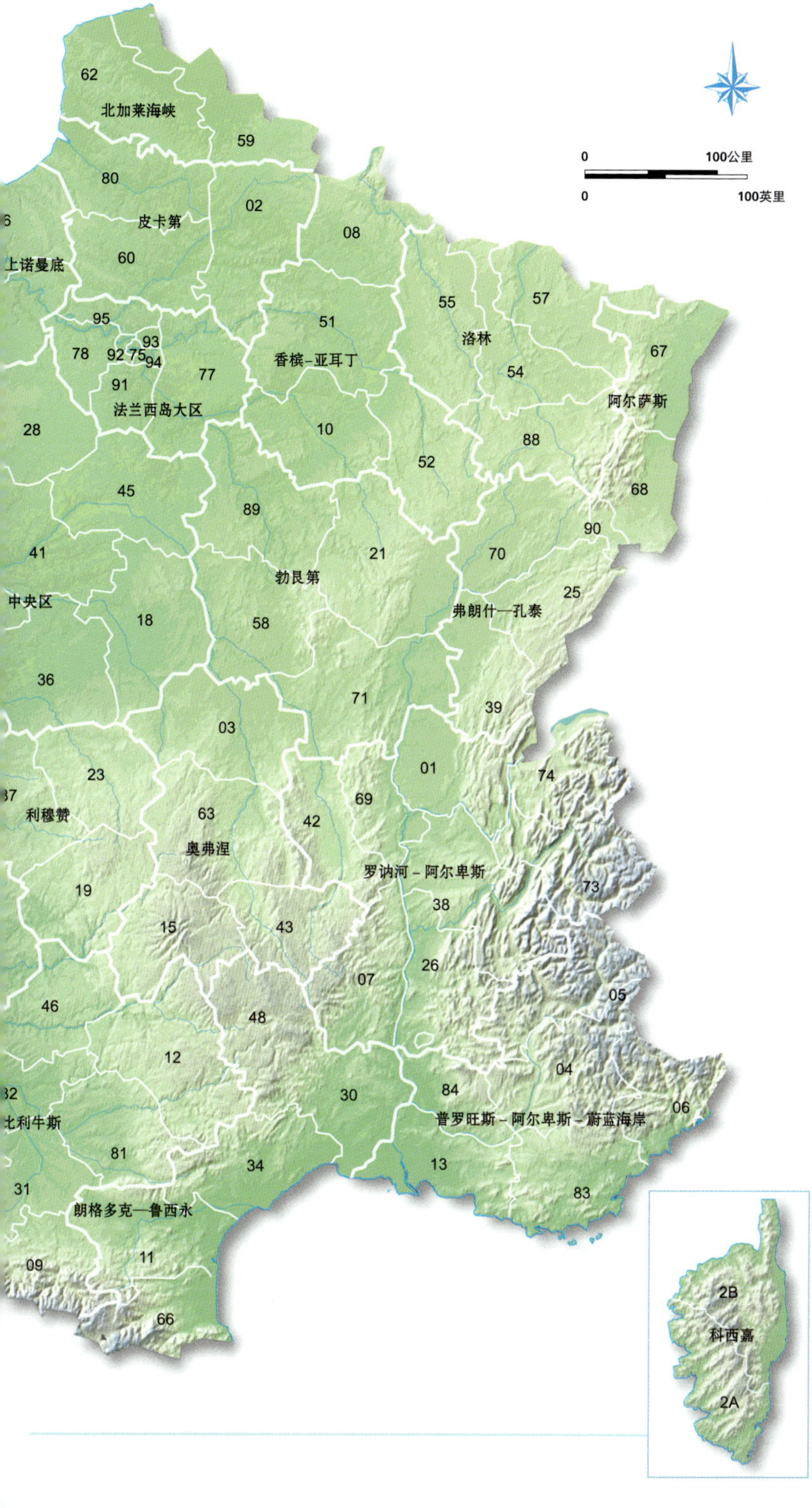

0
100公里
0
100英里
62
北加莱海峡
59
80
皮卡第
02
60
上诺曼底
08
55
57
95
51
洛林
67
78
92
75
93
94
77
香槟-亚耳丁
54
91
法兰西岛大区
阿尔萨斯
28
10
88
52
45
68
89
90
41
21
70
勃艮第
25
中央区
18
58
弗朗什—孔泰
36
71
39
03
01
74
23
63
69
利穆赞
42
奥弗涅
罗讷河 - 阿尔卑斯
19
73
38
15
43
26
07
05
46
48
12
04
84
30
06
普罗旺斯 - 阿尔卑斯 - 蔚蓝海岸
北利牛斯
81
34
13
31
83
朗格多克—鲁西永
11
09
66
2B
科西嘉
2A

法国奶酪

A

西铎修道院
ABBAYE DE CÎTEAUX

虽然西铎圣尼可拉斯修道院的历史可回溯900年，此种农庄奶酪却迟至1925年才开始生产。外观柔和，口感柔软，味道比大多数水洗式外皮的奶酪都温和许多。70头贝利亚山（Montbéliard）乳牛生产的牛乳，一年制造60吨这种奶酪，大多供当地人食用。

直径18厘米，高3.5厘米
700克
45%
全年
生乳
薄酒莱或勃艮第，年轻带有果香，冰凉后饮用

勃艮第（黄金海岸）

喜乐圣母修道院
ABBAVE DE LA JOIE NOTRE-DAME

喜乐圣母修道院的修女自1953年起制作这种农庄奶酪，该修道院在脱离库德修道院（见252页）而独立时，从后者得到制造奶酪的配方。此种奶酪细致优雅，和其他多种奶酪一样，皆师承法国最早的修道院奶酪莒沙吕港（见209页），外观和口味都和老祖宗类似。在熟成期间，需用盐水洗4～6星期。

直径20厘米，高4厘米
1.4千克
50%
全年
生乳
波尔多，年轻而带果香

布列塔尼（莫尔比昂）

◀ 牛儿们在巴斯克地区一处山坡上吃草

卡斯山修道院
ABBAYE DU MONT DES CATS

修道院位于法兰德斯（Flanders）的戈德卫斯维镇（Godewaersvelde，意为上帝之平原）附近，其修士自1890年开始用莒沙吕港（见209页）的配方制造这一工匠奶酪。图示奶酪已运用现代方法加以熟成，但尚未成熟。内芯的小气泡乃此种奶酪的特征，当地人通常于早餐时搭配咖啡食用。熟成期至少一个月，期间定时以染红的盐水冲洗，染料为胭脂子中萃取出来的红色物质。

硬质内芯；未煮，经压榨

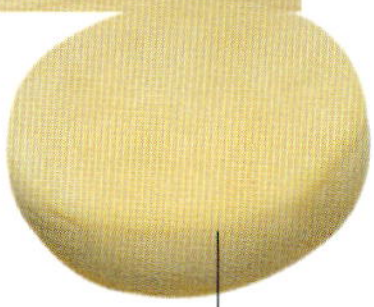

水洗式外皮

直径	直径25厘米，高4厘米
重量	2千克
脂肪	45%～50%
季节	全年
乳类	生乳
配酒	格拉夫

北加莱海峡（诺尔）

皮耶—奇—维尔修道院
ABBAYE DE LA PIERRE-QUI-VLRE

此种奶酪和僧侣球（下图），皆为皮耶—奇—维尔修道院奶酪。修士不用化学肥料与农药，因此这两种奶酪皆为有机奶酪。在两星期的熟成期间，奶酪用盐水冲洗，适合在尚未成熟时食用。

直径	直径10厘米，高2.5厘米
重量	200克
季节	全年，夏、秋尤佳
乳类	生乳
配酒	伯恩

水洗式外皮

内芯柔软、圆润；未煮，未经压榨

僧侣球
BOULE DES MOINES

此种奶酪是把上一种奶酪口味改良得更柔润清爽而成，最初是为刺激销售才开始供应。加味的内芯有很重的蒜味。

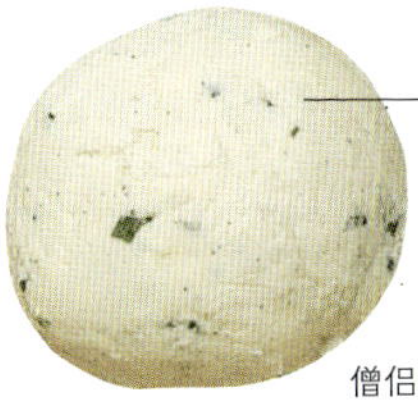

内芯柔软，加了蒜头、细香葱和胡椒

僧侣球

勃艮第（荣纳）

直径	直径5～7厘米
重量	100～150克
季节	全年，特别是夏、秋
乳类	生乳
配酒	依宏希，新酒、带果香

丰厚

ABONDANCE（AOC）

这种中等大小的高山奶酪，产自罗讷河——阿尔卑斯区的上萨瓦省（Haute Savoie），用丰厚、贝利亚山和塔林（Tarine）种乳牛所产的牛乳制造，乳牛不可喂食储藏的草料或其他发酵过的草料。图示的高山放牧奶酪（fromage dalpage），是9月在阿尔卑斯山间小屋（chalet）所制，气味浓郁独特，风味复杂多层次，酸味和甜味均衡，后味持久。食用前需去除外皮以及皮底下那层灰色物质。

工匠、合作社和工厂皆有生产丰厚奶酪，但在每年348吨的产量中，约四成是农庄奶酪，而且目前产量正逐渐增加。农庄奶酪在侧面有嵌入式的蓝色椭圆形标签，其他种奶酪的标签则为正方形。熟成期至少90天，期间会用奶酪取样刀从奶酪内芯处取样最多3次。

内芯呈奶油色至淡黄色不等，柔润无弹性，有均匀的小气泡；煮至45℃～50℃，经压榨

外皮深黄色至褐色，有布纹及蓝色酪蛋白标记

丰厚高山放牧农庄奶酪，熟成10个月

⊖	38～43厘米，高7～8厘米
⚖	7～12千克
♣	每100克奶酪至少58克
☐	48%或每100克奶酪至少27.84克
✓	在阿尔卑斯山庄生产的奶酪自秋季开始上市
♉	全脂生乳
🍷	萨瓦，夜丘村庄，摩黑圣丹尼，菲尚

罗讷河—阿尔卑斯（上萨瓦）

AOC规定：丰厚

1. 牛乳可加热一次，最高至40℃，不过仅限于凝乳过程。制造场所内不得设有在加入凝乳素前可快速加热至40℃的设备或机械。
2. 奶酪的表皮需直接撒盐或浇以盐水。
3. 嵌入式标签必须载有下列资讯：法国；Abondance；产地识别码；农庄奶酪必得载有fermier字样。

AOC颁布于1990年

丰厚冬季农庄奶酪，熟成7个月

如何制造丰厚奶酪

制造一个重9.5千克的丰厚奶酪，需要100升在山间草地放牧的乳牛所产之牛乳。

加凝乳素与凝结过程

加入凝乳素后，把牛乳加热至32℃~35℃，凝结过程（图2）历时35分钟。

分割凝乳（le decaillage）

把凝乳小心地分割成数小块，接着用力搅拌，以促使乳清分离。此时，凝乳会变成粒粒分明的形态（图3）。乳清中含有蛋白质和糖分，通常丢弃不用。

煮熟

凝乳煮至30℃，接着续煮逾45分钟，煮至50℃。乳清持续分离，凝乳则煮成一粒粒如小麦那么大，呈乳白色，质感浓稠如橡皮，味略甜。煮熟过程可收干凝乳并加以烹煮。如果凝乳加热太快或过头，在熟成期间内芯会破裂或鼓胀。

捞取（le soutirage）

凝乳用麻纱布收集，或捞取出来（图4）。

第一次压榨

凝乳置入覆盖纱布的木筐模具（图1）中挤压（图5），可绑缚绳索以调整奶酪的直径，绳索绑在木筐上下之间（图6）。把七八个已放满的木筐叠在一起（图7、图8），置于压榨器中压20分钟。凝乳粒开始黏合。

贴标签与第二次压榨

立即把模板翻面，侧面置放标签。在晚间翻第四次面后，把湿掉的纱布换新成干布，以最大的力量来压模具。凝乳粒融合，奶酪形成最终形状。自模具中取出奶酪，在13℃~16℃的室温中放上一天，以使冷却内芯，外皮则不致脱水干燥。

盐渍

奶酪浸渍在盐水中12小时，以加速外皮形成，改善外观并减低生霉的危险。接着让奶酪在12℃~14℃的室温中自然风干一天。

熟成

奶酪在室温12℃、湿度95%且通风良好的地窖中熟成至少90天，每隔一天用粗盐揉搓奶酪表面，并用浸过morge的布擦拭。（morge为盐水掺和老奶酪外皮上的黏性淡褐色物质而成。）盐的侵蚀力使得奶酪不易生霉，并可促使外皮坚固（图9），使这种体积颇大的奶酪可长期保鲜。

1 2 3 4 5 6 7 8 9

灰烬艾西

AISY CENDRE

这种工匠奶酪产自勃艮第，是把新制奶酪埋在灰烬中一个月而成。有不少种奶酪可制成灰烬艾西，图中所示为未熟的勃艮第艾波瓦塞（见174页），是种味道强烈的水洗式奶酪。此一奶酪尚未成熟，嗜食未熟内芯的人吃来最对味。中心呈白色，质地如石膏，周围包裹一层较油润的内芯。味道颇咸，显示奶酪仍十分鲜嫩。

柔软至稍硬的内芯；未经煮沸，未经压榨

外皮上覆盖着灰烬

⊖	直径10厘米，高3厘米
⚖	200～250克
☐	50%
✓	全年
◇	全脂生乳
▼	上夜丘村庄

勃艮第（黄金海岸）

农庄奶酪是在像这样的乡村农场中生产的，而工业奶酪则是在大规模的奶酪工厂中制造的。

酒渣白兰地基因香

AROMES AU GENE DE MARC

这是种季节性的工匠奶酪，秋末可食用，遵循古法腌渍熟成，在里昂的产酒区产制。希高特（见214页）、圣马瑟林（见222页）、贝拉东（见203页）和皮科东（见206页）等成熟奶酪，渍泡在桶装或大罐装的酒渣白兰地中至少一个月。酒中含有葡萄被榨取后剩余的湿润果皮、种子和茎，渗进奶酪中，使其入味。食用此种奶酪时需佐以葡萄酒。

直径6～7厘米，高2～3厘米	
80～120克	
秋末、冬季	
未标明	
未标明	
罗讷河丘酒渣白兰地	
威尼斯波美麝香葡萄酒	

罗讷河—阿尔卑斯(罗讷河)

白酒香

AROMES AU VIN BLANC

此种奶酪的制造法乃是先在一只大罐子的底部注满白酒，然后把一个线圈架子刚好放在酒的表面之上，再将如圣马瑟林等山羊奶酪置于架上。接着封紧罐口，放上2～3周，酒在罐中蒸发，奶酪吸收酒香，内芯则变得柔软湿润。这种奶酪口味细致，非常受人喜爱，不愧为美食之都里昂所产。这一奶酪不宜空口单吃。

直径6～7厘米，高2～3厘米	
80～120克	
秋末、冬季	
未标明	
未标明	
勃艮第，圣侯曼	

罗讷河—阿尔卑斯(罗讷河)

法国奶酪

B

栗叶巴侬（AOC）

BANON A LA FEUILLE

这种小尺寸的高山奶酪，以前是由普罗旺斯巴侬镇（Banon）附近的普依米雪村（Puimichel）一对夫妇制造，如今则是农庄、工匠和工厂3种产制法兼备。奶酪在熟成两星期后，蘸取水果白兰地，再用栗树的叶子包起来，酒精可防止奶酪产生不好的霉菌。

白色的内芯细腻柔软，弹性不是很大；未煮，未经压榨

干栗叶需在加了醋的沸水中煮软并消毒

直径6~7厘米，高2.5~3厘米
90~120克
45%
全年（牛乳）； 春季至秋季（山羊乳）
生乳
生乳
黑醋栗酒
当地产的酒渣白兰地

普罗旺斯—阿尔卑斯—蔚蓝海岸

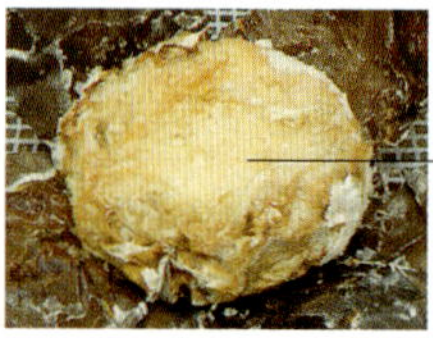

外皮有天然霉

驴子胡椒／贝佛岱

POIVRED'ANE / PEVRED'A

用以产制驴子胡椒的基底奶酪，和佛伊巴侬用的是同一种，可单独用山羊乳或牛乳来制造，亦可将两种乳混合。奶酪外覆干燥风轮菜，熟成一个月，农庄、工匠和工厂皆有生产。贝佛岱是普罗旺斯的老名字，意指夏季风轮菜（Satureia hortensis），这是种南欧香草，和百里香、薄荷十分相似，带有胡椒味，用来增添奶酪风味。

柔软的内芯；未煮，未经压榨

外皮包覆干燥风轮菜

直径6~7厘米，高2.5~3厘米
90~120克
45%
全年（牛乳）； 春季至秋季（山羊乳）
生乳
生乳
艾克斯丘玫瑰红

普罗旺斯—阿尔卑斯—蔚蓝海岸（上普罗旺斯—阿尔卑斯）

◀ 普罗旺斯圣雷米的牧民管理着他的羊群

巴尔卡斯
BARGKASS

这一农庄奶酪产于法国东北部佛日（Vosges）山区的小村勒提悠（Le Thillot），佛日山区以奶酪著称，其中最知名者为孟斯戴奶酪（见192页）。根据当地方言，巴尔（barg）意指山脉，卡斯（kass）则为奶酪。内芯柔软但结实，略具弹性，有少数气孔。气味清淡柔和，味道温润，后味微酸，最适搭配酸面团、黑面包食用。熟成期6~8星期，期间每周要刷一次外皮并翻面。

外皮淡褐色至褐色，表面有压榨时留下的布痕

内芯略具弹性；未煮，经压榨

直径30厘米，高6厘米	
7~8千克	
未标明	
5~10月	
生乳	
黑皮诺	

伯蒙
BEAUMONT

此种奶酪最早于1881年在瑞士日内瓦附近的伯蒙（Beaumont）制造，制法与塔米埃奶酪（见230页）相同，属于工厂奶酪。这是率先量产的牛奶酪之一，熟成期4~6星期，期间奶酪需经水洗。

半硬的内芯，触摸时有弹性；未煮，经压榨

水洗外皮，呈粉黄色

直径20厘米，高4~5厘米	
1.5 千克	
48%	
全年	
生乳	
萨瓦，上夜丘村庄	

伯堡（AOC）

BEAUFORT

这是种大型的圆孔酪，产于法国阿尔卑斯山脉的萨瓦地区。内芯煮过且经压榨的大型奶酪，在法国通称 gruyeres（勿与瑞士格律耶尔［Swiss Gruyere］混淆）。

伯堡的平均重量为 45 千克，亦即 45 头牛一天生产的牛乳量。大约 12 升牛乳可产 1 千克的伯堡。上等品质的奶酪外皮湿润且有黏性，而且由于使用专

熟成5～6星期的伯堡

⊖	直径35～75厘米，高11～16厘米
⚖	20～70千克
♣	每100克至少62克
☐	48%
✓	全年；在阿尔卑斯山区小屋生产的则为秋季
☐	全脂生乳
🍷	塞榭，夏布利

罗讷河—阿尔卑斯（上萨瓦）

用模具使之定形，表面会向下凹（见 21 页）。

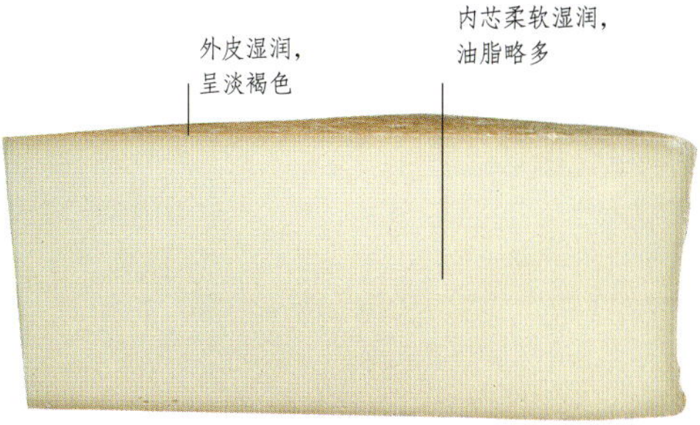

熟成五六个月的高山放牧伯堡

伯堡的种类

有 3 种伯堡：伯堡、夏季伯堡（Beaufort d'ete），以及高山放牧伯堡（Beaufort d'aplage），第三种是在山中小屋制造。冬季奶酪的内芯为白色，夏季的则为淡黄色。据说绿草中的叶绿素和阿尔卑斯山区花卉中的叶红素，让夏季奶酪色泽较深，风味较突出。

熟成约一年的高山放牧伯堡

制造和熟成

伯堡依产制法计有农庄、高山放牧小屋（chalet d'alpage）、合作社和工厂 4 种。从制造日开始算起，熟成期起码 4 个月，根据 AOC 规定，熟成场所温度需在 15℃以下，湿度至少为 92 %，期间要不时用盐水擦拭、揉搓。

每年 11 月，熟成五六个月的伯堡（右上图）便出现在巴黎市集上，是首批上市的高山放牧奶酪。其香味柔和清新，带有乳味、奶油、花卉以及蜂蜜味。柔软的内芯散发着花香，并隐约带着酸味和咸味，其滋味在味蕾上萦绕不去。熟成至这一阶段的伯堡，适宜搭配白葡萄酒。

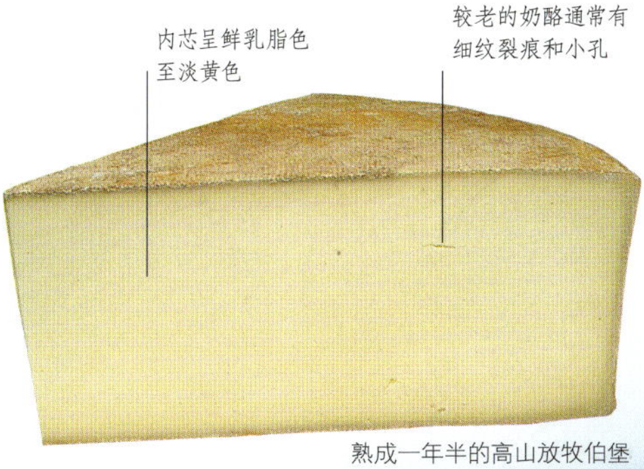

熟成一年半的高山放牧伯堡

有些伯堡可在温度 8℃ ~ 9℃、湿度 98 %，暗黑且凉爽的地窖中熟成达一年，一周 2 次用盐水洗之并翻面。一年份的奶酪外皮湿润，底下薄薄的一层色泽呈灰色，逐渐融入内芯。其味复杂，香气较未成熟的奶酪强，咸味亦较细腻。

在法国阿尔卑斯山脚下吃草的母牛

伯堡乳牛

制造伯堡奶酪时绝对少不了被称为塔林或塔杭戴斯（Tarentaise）的红褐色伯堡乳牛，这种古老品种的高山地带乳牛原产于印亚大陆，它们横越中欧，最后抵达法国。这种乳牛在1863年被命名为塔林，1888年被列入《乳牛大全》（*Herd Book*）中。牛只在冬季时被赶入御寒场所，躲避严苛的风雪。根据AOC规定，不得喂以储于粮库的草料或任何发酵过的草料。当春季来临，牛只被领至高山，在花草茂盛的阿尔卑斯山间牧草地上放牧。秋季时则带至较低的草地，冬季降雪前回到村庄里。塔林牛结实强壮，适应力很强；其乳质优良，含脂量为36.3%，蛋白质含量为31.8%。它们一年繁殖一次，在为期10年的工作期间，每头牛平均产乳4 338千克。这种牛乳也用来制造其他数种优质的高山奶酪，比如萨瓦铎姆（见231页）和艾曼塔（见165页）。

切割伯堡奶酪
把被称为季尤迪（guillotine）的双柄刀稍微沾湿，用锯的方式切入奶酪中央。

奶酪取样刀
这是用来采取奶酪内芯样本的工具。未成熟的伯堡内芯具有弹性，任意用刀一切随即分开。

藏酪窖
香贝利（Chambéry）一个奶酪专门店的藏酪窖，在11月时，此处可储存多达1000个奶酪，窖内温度为8℃~9℃，湿度98%。

AOC规定：伯堡

1. 挤下的牛乳必须立即送至制酪场；若牛乳一天运送一次，则农场上仅制酪场一处使用冷藏桶。如果牛乳加以冷藏，必须在挤出之后24小时内加进凝乳素，冬季则为36小时。

2. 制造场所里不准设置可在加凝乳素前把牛乳加热至40℃以上的设备或机器。

3. 奶酪的名字必须以蓝色酪蛋白镶嵌于奶酪上，且必须保持清晰可辨。

4. 只有在下列情况可声明为夏季（ete）及高山放牧（alpage）：产期须在6至10月，方可冠上夏季，包括在山间小屋制造的奶酪；必须是夏季期间在阿尔卑斯山间小屋一天制作两次的夏季奶酪，方可冠上高山放牧一词，且限于使用同一牛群所产之乳（不得混入其他牛乳）。奶酪表皮要用盐或盐水揉搓。

5. 此一奶酪销售时若已分割并包装，每一块必须露出可显示特征的伯堡奶酪外皮部位。

AOC1976 年通过

蓝纹奶酪(Bleu)

奥弗涅蓝纹奶酪 （AOC）

BLEU D'AUVERGNE

天然外皮

奥弗涅蓝纹奶酪有两种不同尺寸，大的直径为20厘米，高8～10厘米，重2～3千克；小的直径为10厘米，高度不一定，重量从350克至1千克不等。虽然传统上为圆形，但如今亦生产长方形供出口或销售前预先包装之便，长方形奶酪长29厘米、宽8.5厘米、高11厘米，重2.5千克。图示为1997年用生乳制造的122吨奶酪中的一部分，该年度总产量为8181吨。内芯黏湿易碎，蓝纹分布平均，滋味带酸且黏稠。青霉的辛辣味和彻底融入奶酪中的盐分构成完美的搭配。这种奶酪适做沙拉酱汁，搭配菊苣、坚果或生蕈，滋味亦佳，若搭配热腾腾的现煮意大利面，更是美味非凡。

在AOC载明的区域内生产的奥弗涅蓝纹奶酪，有合作社和工厂奶酪两种。1千克重的奶酪从制造日算起，至少需熟成4星期，重量不足1千克者则为两星期。AOC于1975年通过。

青霉平均分布在内芯中；未煮，未经压榨

- 直径20厘米，高8～10厘米（大型）；直径10厘米，高度不一（小型）
- 2～3千克（大型），350克至1千克（小型）
- 每100克至少52克
- 50%
- 全年
- 生乳，高温杀菌乳
- 梭甸，莫利（VDN）

奥弗涅（康塔尔，上卢瓦尔，多姆山）；南比利牛斯山（阿韦龙，洛特）；利穆赞（科勒兹）；朗格多克—洛泽尔

喀斯蓝纹奶酪（AOC）

BLEU DES CAUSSES

这种合作社或工厂奶酪类似侯格堡奶酪（见216页），但用的是牛乳，味道较温和。在喀斯高原（Causses，中央高地的石灰岩高原）岩层中天然的通风管道（fleurines，见218页）里熟成至少70天，通常达3～6个月，从而形成扎实的风味。夏季奶酪的内芯湿润，呈象牙黄色；冬季奶酪则呈白色，味道较强烈。最适合在餐后搭配酸度适中的天然甜白酒。AOC于1975年通过。

- 直径20厘米，高8～10厘米
- 2.3～3千克
- 每100克奶酪至少 53克
- 全年
- 全脂生乳
- 巴萨克甜酒，班努斯特级葡萄园（VDN）

中比利牛斯大区（阿韦龙省，洛特省）；朗格多克–鲁西永大区（加尔省，埃罗省，洛泽尔省）

科斯塔罗斯蓝纹奶酪

BLEU DE COSTAROS

这种传统的农庄奶酪，产于奥弗涅区的科斯塔罗斯村（Costaros），当地人称为 fromage a vers——被虫吃的奶酪，虫是指奶酪当中的小奶酪虫（le ciron）。略硬且具弹性的内芯，不平均地分布着小孔，带有黏性及轻微的臭味和霉味。有位当地的奶酪农表示，她连外皮都吃："嗯，是呀，统统吃下肚，连虫子也不放过。"

- 直径10厘米，高7～8厘米
- 550～600克
- 未标明
- 全年
- 生乳
- 卢皮亚克，丽维萨特（VDN）

奥弗涅（上卢瓦尔）

上侏罗蓝纹奶酪（AOC）

BLEU DU HAUT-JURA

这种温和的蓝纹奶酪又称杰克士蓝纹奶酪（Bleu de Gex）或塞蒙瑟蓝纹奶酪（Bleu de Septmoncel），但正式名称为上侏罗蓝纹奶酪。外皮包覆着一层白色粉末状的霉，食用前需轻轻地拂去。内芯气味令人想起依赖丰沛牧草而生的牛只所产的鲜乳。产地民众喜欢用煮马铃薯搭配此种奶酪。

其乳汁用以制造此种奶酪的乳牛，放牧在侏罗山间草地，据说山间花草上的霉菌会传至牛乳中，并大肆繁殖。如今，则是在牛乳中添加青霉菌（PeniCillium glaucum）。熟成期间还要用针筒把空气注入内芯中，以促进霉菌生长。

在 AOC 标明的产地，此种奶酪在一个月的熟成期中，被置放于湿度 80%的合作社藏酪窖，任其自然风干、成熟。AOC 颁布于 1977 年。

表皮上盖了“杰克士（Gex）”的字样

用针筒注射空气所形成的小孔

象牙色的柔软内芯中，平均散布着淡绿色的纹路；未煮，未经压榨

天然形成的外皮；干粉状的霉呈淡黄色，上面可能有红点

- 直径36厘米，高度未规定
- 7.5千克
- 每100克至少52克
- 50%
- 全年；夏季尤佳
- 生乳
- 圣十字山（VDN）
- 钵酒

罗讷河—阿尔卑斯大区（安省）；弗朗什—孔泰大区（汝拉省）

锅烧蓝纹奶酪

Bleu Fondu a la Poele

要制作这道美味佳肴，仅需将奶酪切片，放进煎锅里慢慢加热融化。非常适合作为鸡胸肉上的浇汁；抹在乡村面包上进食，佐以一杯阿伯瓦黄酒(Vin iaune d'Arbois)亦十分可口。

朗杰克蓝纹奶酪

BLEU DE LANGEAC

这种农庄奶酪产于奥弗涅区的朗杰克城（Langeac），当地人直截了当地称为本地奶酪（fromage de la region）。外皮全干，略带香气；内芯结实，霉味很浓。这种奶酪由上等浓郁的牛乳制成，咸且扎实。熟成期 2 个月。

内芯呈黄色，分布着天然霉；未煮，未经压榨

熟成期间自然形成的外皮既粗又干

直径10～12厘米，高4厘米	
450～500克	
未标明	
全年	
生乳	
西隆甜酒，梭甸平价酒，班努斯（VDN）	

奥弗涅（上卢瓦尔）

拉奎尔蓝纹奶酪

BLEU DE LAQUEUILLE

拉奎尔村（Laqueuille）的安端•胡塞（Antoine Roussel）在1850年用黑麦面包上长出的霉菌，率先制造出这一奶酪（如今村里竖立有他的雕像）。内芯略带地窖味以及青霉味道，和昂贝富耳姆（见167页）属同一类的奶酪。此种奶酪如今仅在工厂生产，熟成期为3个月。

带着青霉的柔软内芯；未煮，未经压榨

熟成期间形成天然外皮

直径49厘米，高95厘米	
2.5千克	
45%	
夏、秋	
高温杀菌乳	
蒙巴立亚克甜酒，丽维萨特（VDN）	

奥弗涅（多姆山）

鲁得蓝纹奶酪

BLEU DE LOUDES

这种农庄奶酪产于奥弗涅区的鲁得城（Loudes），内芯结实、带有弹性和黏性，略酸，无特殊气味，乍看之下并没有霉。图中的奶酪已切开置放于空气中 24 小时。熟成期为 6 星期。

内芯结实，有天然青霉和几个小孔；未煮，未经压榨

熟成期间自然形成既硬且干的外皮

尺寸	直径11厘米，高6厘米
重量	600～650克
脂肪含量	未标明
季节	全年
乳源	生乳
配酒	圣十字山甜酒，丽维萨特（VDN）

奥弗涅（上卢瓦尔）

凯尔西蓝纹奶酪

BLEU DU QUERCY

这种商业化生产的工厂蓝纹奶酪，产自凯尔西地区（Quercy），味道温和，适合给刚开始尝试蓝纹奶酪但还不习惯的人食用。熟成期为 3 个月。

内芯纹路分布均匀，有天然的绿霉；未煮，未经压榨

外皮看起来是熟成时自然形成

尺寸	直径18厘米，高9～10厘米
重量	2.5千克
脂肪含量	45%
季节	全年
乳源	高温杀菌乳
配酒	西隆甜酒，莫利（VDN）

中比利牛斯（洛特）

萨瑟纳吉蓝纹奶酪（AOC）

BLEU DE SASSENAGE

这种传统的高山蓝纹奶酪风味细致，AOC于1998年通过。今日为增加其农庄奶酪产量，费了很大的力气，共采用丰厚、贝利亚山、维亚（Villard）3种乳牛的乳为原料。一位奶酪专家告诉我们，曾有数代萨瑟纳吉伯爵命令其领地子民以奶酪缴税。结果，这种奶酪的商业化产量增加，这也解释了何以产地仅限于山区，却冠上一个靠近格勒诺布尔（Grenoble）的平原小城——萨瑟纳吉的名字。

直径30厘米，高8～9厘米
5～6千克
45%
夏、秋
高温杀菌生乳
巴萨克甜酒，班努斯（VDN）

罗讷河—阿尔卑斯大区（伊泽尔省）

布雷斯蓝纹奶酪

BRESSE BLEU

这种商业化生产的工厂奶酪，最早是第二次世界大战后在法国南部的布雷斯地区（Bresse）制造，柔软内芯含有小小的青霉斑点。产品有3种尺寸，大号的直径约10厘米、高约6.5厘米、重500克；中号的直径 8厘米、高4.5厘米、重225克；小号直径6厘米、高4.5厘米、重 125克。熟成期2～4星期。

直径6～10厘米，高4.5～6.4厘米
125～500克
55%
全年
高温杀菌乳
蒙巴立亚克甜酒，丽维萨特，哈斯多（VDN）

罗讷河—阿尔卑斯大区（安省）

特米浓蓝纹奶酪

BLEU DE TERMIGNON

特米浓（Termignon）是出产此种奶酪的村庄名称，该村位于法国阿尔卑斯山海拔1 300米处。这种美味非凡的奶酪品质优良，含脂量略多，天然且朴质，由于仅有一位妇女在夏季放牧山庄中制作，产量相当有限。这位女士在凡诺瓦（Vanoise）国家公园的高山上畜养了9头牛，喂以花草，而奶酪中的霉菌正是来自这些花草。霉菌传至牛乳中，使奶酪散发一种细腻的滋味。奶酪中的青霉是天然的，非人工添加，此点不同于其他大多数蓝纹奶酪。其蓝纹生长扩展较慢，分布也较不平均。奶酪外皮白、褐参半，很硬，看起来像石头，内芯则易碎。在4至5个月的熟成期间，要定时翻面并加以擦拭。

熟成5个月的特米浓蓝纹奶酪

干奶酪

直径28厘米，高10厘米	
7千克	
50%	
全年	
生乳	
多凯高级精选甜酒，丽维萨特特级葡萄园（VDN）	

小巴亚

LE PETIT BAYARD

这种农庄奶酪产自多芬（Dauphine）地区的巴亚隘口（Col Bayard）酪农场，熟成期约1个月。

直径12～13厘米，高5厘米	
450克	
45%	
全年	
生乳	
普罗旺斯丘	

里尔球／法国米摩雷特

BOULE DE LILLE / MIMOLETTE FRANCAISE

据说里尔球这个名字衍生自里尔市的caved'affinage，即熟成窖，里尔的奶酪最初即在此处熟成。米摩雷特之名则来自mi-mou，意为半软。有人说此种奶酪源于荷兰，也有人坚称法国一直有这种奶酪。而有关其起源的实情可能是这样的，在17世纪时，法国官员柯尔贝（Colbert）禁止进口外国货，其中包括奶酪，于是法国人开始自行制造米摩雷特，制法同于荷兰的亚当（Edam）奶酪。

这种法国北部的奶酪，在合作社或工厂生产。尺寸如婴儿的头那么大，两端被压平，没有显著的香味。内芯初时半软，随着奶酪逐渐成熟，内芯慢慢变硬变干，最后产生裂痕。由于藏酪窖中湿度不同，熟成度也会有所不同。熟成期最少6星期；年轻的米摩雷特需熟成3个月；半干的（demi-etuvee）或半老的（demi-vieille）需熟成6个月；老且干（vieille en etuvee）的需熟成一年；非常老的（tres vieille）奶酪需熟成2年。内芯的颜色从胡萝卜色逐渐变成橘红色，味道也随之不同。干的奶酪研磨后可用于烹饪。

熟成一年半

内芯半硬至硬；半煮，经压榨熟成2年

外皮又硬又干，颜色自橘黄至淡褐

内芯颜色从橘黄色至红色不等，有些小孔

熟成2年

- 直径20厘米，高15厘米
- 2～4千克
- 每100克含54克
- 40%
- 全年
- 高温杀菌乳
- 班努斯（VDN）

北加莱海峡（加莱海峡）

区域绵羊奶酪Brebis de Pays

格拉斯绵羊奶酪

BREBIS DE PAYS DE GRASSE

这一农庄奶酪产于格拉斯城（Grasse）周遭一带，生产原料乳的绵羊，食用高原上干燥地的青草和薰衣草，呼吸着阿尔卑斯山的纯净空气，身受地中海和风吹拂。其滋味清淡，就采用优质乳制造的绵羊奶酪而言，味道略酸。格拉斯绵羊奶酪和刚出炉的法国长棍面包（baguette），是非常绝妙的搭配。熟成期约6星期。

12×20厘米，高5～6厘米
1.5～2千克
每100克含54克
40%
全年
生乳
黑醋栗酒

贝尔杰牧羊人

BERGERPLAT

此一农庄奶酪产于里昂地区一个叫“朵伯的牧羊人”（Le Berger des Dombes）的农庄，起初是由于拉寇尼（Lacaune）绵羊被引进此区域，而开始制作这种奶酪，侯格堡（见178页）也是用此种绵羊乳制造。外皮为白色或肤色，带有淡蓝的霉，奶酪气味和味道皆属温和。熟成期间，奶酪置放于麦草上15～20天。

直径8厘米，高2.5厘米
110克
45%
全年
全脂生乳
里昂丘，薄酒莱

贝桑绵羊奶酪

BREBIS DE BERSEND

这种来自贝桑村（Bresend）的农庄奶酪，是萨瓦地方生产的少数绵羊奶酪之一。直到19世纪，这个靠近瑞士、意大利边境的山区饲养了不少绵羊，之后数量减少，不过近年来似乎又有所增加。需在天然地窖中熟成至少2个月。

⊖	直径12厘米，高5厘米
⚖	580克
◫	45%
✓	夏季最佳
♉	生乳
Ÿ	萨瓦胡榭特

罗讷河—阿尔卑斯大区（萨瓦省）

洛雪绵羊奶酪

BREBIS DU LOCHOIS（PUR）

这种农庄奶酪，是最近才在一个以山羊奶酪居多数的地区开发出的绵羊奶酪，整个杜兰地区只有两名生产者。图示奶酪，产于靠近洛许（Loches）小城的贝律森（Perrusson）村，熟成至少需2星期。

⊖	直径6.5厘米，高3厘米
⚖	120～130克
◫	45%
✓	冬末至夏季最佳
♉	生乳
Ÿ	蒙内都沙隆

中央区（安德尔—卢瓦尔）

勒高斯度

LE CAUSSEDOU

此种温和柔润的农庄奶酪，产于凯尔西区的普德马斯（Poux-del-Mas）农庄，在法文当中，causse指的是石灰岩高原，凯尔西正以此闻名；doux 意指柔软，说明了这种奶酪的性质。外皮数日之后会长出天然青霉，需在13℃的温度中至少熟成15天。

7厘米见方，高2～3厘米
170～180克
45%
全年
生乳
卡欧

中比利牛斯（洛特）

绵羊奶酪

FROMAGE DE BREBIS

此种丰润的农庄奶酪，由梅须耶村（Meyrueis）的圣皮耶农业开发协会（GAEC Saint-Pierre）制造，味道浓厚。95克的奶酪含脂25克，卡路里非常高！熟成期5～10天。

方形，高2厘米
95克
至少50%
全年
生乳
密内瓦

朗格多克—鲁西永（洛泽尔）

纯绵羊农庄奶酪

FROMAGE FELMIER PUT BREBIS

这种农庄奶酪由中央高原西缘圣西莱尔法赛克（Saint-Hilaire Foissac）附近的拉布尔杰德（La Bourgeade）农业开发协会制造，图中所示奶酪看似中心软，外围硬，是因为在生产奶酪的农庄上购得时，它才刚开始熟成不久。其味略酸，和恰到好处的咸度及微妙的甜味形成美妙均衡，后味怡人。熟成期1~4星期。

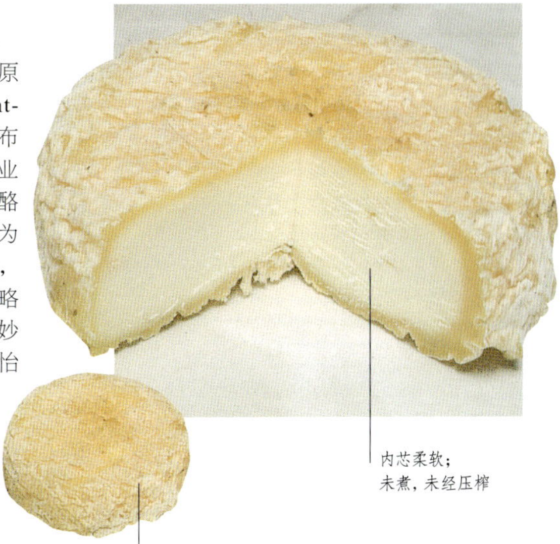

- 直径6~7厘米，高2厘米
- 85~100克
- 45%
- 3月至12月
- 生乳
- 圣普桑

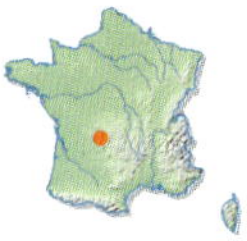

利穆赞（科雷兹）

生羊乳农庄奶酪

FROMAGEON FERMIER AU LAIT CRU DE BREBIS

制造这种奶酪所用的绵羊乳，虽然和侯格堡奶酪（见216页）用的一样，滋味却大大不同，口味温和。这一奶酪在胡尔格（Rouergue）一带的拉卡瓦勒里（La Cavalerie）村一家农庄生产，农庄主人马斯比欧（J. Massebiau）用传统的农庄制造方法来制作这种奶酪。熟成期至少10天。

- 直径6~7厘米，高2厘米
- 85克
- 未标明
- 冬末至夏季
- 生乳
- 鲁西永丘

中比利牛斯
（阿韦龙）

勒拉康度

LE LACANDOU

在山脉连绵的阿韦龙（Aveyron）北部，拉康先生（M.Lacan）依据传统的工匠法制造出这种奶酪。供应原料乳的农夫，不用秣草料来喂养他的绵羊，而任羊儿在山间自由活动。熟成期约3星期。

直径10厘米，高1.5厘米
200克
45%
全年
生乳
鲁西永丘，克罗兹–艾米达占

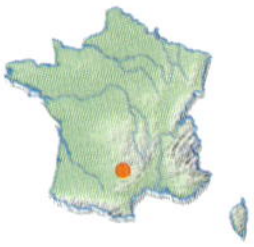

木拉罕

MOULAREN

两位女士在蒙洛村（Montlaux）里制作此农庄奶酪，这个小村海拔 600米，偶尔下雪。羊群一年在户外8个月，3月和10月生育小羊，使得母羊全年皆可产乳。和许多水洗式外皮的奶酪一样，木拉罕奶酪表皮亦呈淡橘色。内芯丰润、厚实，口感怡人。熟成期3星期。

直径11厘米，高2.5厘米
240克
50%
冬末至夏季最佳
生乳
班朵（Bandol）或班朵玫瑰红（Bandol rose）

贝埃

PERAIL

这种农庄或工匠奶酪是在胡尔格地区的拉萨克石灰岩高原（Causse du Larzac）上，依照传统方法制作。有绵羊乳的气味，质地滑顺如浓稠的乳脂，风味柔和细滑。熟成期至少1星期。

直径8～10厘米，高1.5～2厘米
80～120克
45％～50％
冬季至夏季
生乳
圣西纽

马朗特里柯尼

TRICORME DE MARANS

特里柯尼奶酪曾绝迹多年，不过1984年又在西海岸的马朗城（Marans）恢复生产。图示的奶酪由两位妇女制造，原料乳来自她们饲养的15头羊。风味十足，略带甜、酸味。由于原料乳的品质，致使含脂量高。绵羊乳缺货时，则可能使用牛乳或山羊乳。制作山羊奶酪时，需要1.5升的乳，但同样大小的绵羊奶酪，仅需0.7升。此种农庄奶酪通常趁新鲜时享用，但亦可熟成2～3星期至3个月。

边8厘米，高3厘米
250克
48%
全年；绵羊奶酪在冬末最佳
生乳
生乳
生乳
上布瓦度（Haut Poitou）

比利牛斯绵羊奶酪Brebis des Pyrénées

此处介绍的奶酪产自比利牛斯山西部地形崎岖的贝阿恩（Bearn）与巴斯克（Basque）地区，制造绵羊奶酪的历史悠久。大部分是农庄奶酪，由全脂生乳制成，其含脂比例未标明。熟成期甚长，使得奶酪颇硬。

这些奶酪通常就叫“高山奶酪”或“绵羊奶酪”。由于绵羊乳产量有限，产期又短，因此所制奶酪几乎仅供当地人购买和食用。欧梭—伊哈迪—比利牛斯绵羊奶酪AOC规定于1980年通过。

此种奶酪食用前宜先分切开来，任其和空气接触。比利牛斯绵羊奶酪适合佐以不甜型居宏颂（Jurancon sec）和不甜型波尔多（Bordeaux sec）等白葡萄酒。

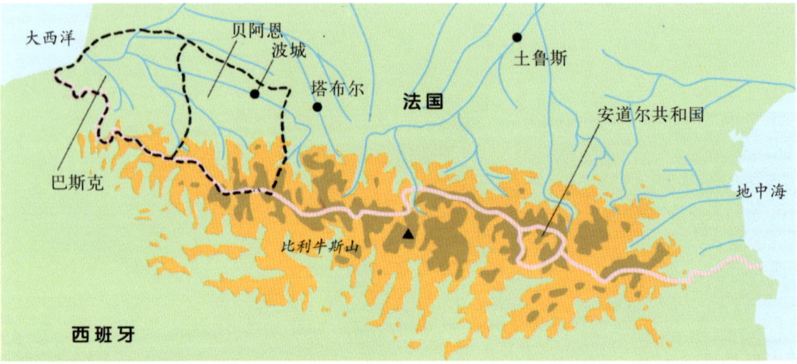

欧梭—伊哈迪—比利牛斯绵羊奶酪（AOC）

OSSAU-IRATY-BREBIS PYRENEES

这些奶酪是由马奈克（Manech）绵羊乳制造，农庄、工匠、合作社和工厂种类兼具。主要有3种大小：小型；中型（非农庄）；大型（农庄）。熟成期至少90天；小型的则为60天。藏酪窖的温度必须在12℃以下。

- 直径18～28厘米，高7～15厘米（大小尺寸不同）
- 2～7千克（视大小而定）
- 每100克至少58克
- 至少50%
- 全年，视熟成而定；高山奶酪限秋季生产
- 全脂乳
- 依芦雷基（Irouleguy），不甜型格拉夫（Graves sec）

阿基坦（比利牛斯—大西洋）

品质标记
生产者用特制的金属图章，在奶酪外皮上盖上其姓名之缩写。

AOC规定：欧梭—伊哈迪—比利牛斯绵羊奶酪

1. 必须等绵羊生产20天后，才准利用其乳制酪。
2. 必须在48小时内进行凝乳。
3. 必须用凝乳素来促使乳凝结，不得使用其他酵素，特别是霉菌或微生物。
4. 冠上MONTAGNE（山岳）一词的奶酪，其原料乳必须来自5月10日至9月15日间在夏季牧草地上放牧的绵羊。
5. 不合上述规定者，必须以FROMAGE DE BREBIS （绵羊奶酪）之名出售。AOC于1980年通过。

贝洛克修道院

ABBAYE DE BELLOCQ

此农庄奶酪是由红鼻的马奈克（Manech）绵羊乳制成，原料乳购自巴斯克地方贝洛克圣母修道院附近的农场，送至修道院制成奶酪。图示的奶酪内芯细致、浓郁，含脂量高。其风味有如焦化的黄砂糖般强烈且缠绵，这是由于熟成期长达半年所致，就像一锅小火慢炖的肉，愈炖愈香。很难想象，其中唯一的添加物是盐。此种奶酪很适合搭配面包和葡萄酒，是少数可在巴黎买到的比利牛斯绵羊奶酪。

直径25厘米，高11厘米	
5千克	
至少60%	
✓ 全年	
全脂生乳	
巴歇汉克（Pacherenc du Vic-BilhJ，波尔多	

阿基坦（比利牛斯—大西洋）

阿迪—卡斯纳（1）

ARDI-GASNA（1）

在巴斯克语中，阿迪（ardi）意指绵羊，卡斯纳（gasna）指的是奶酪。这种奶酪由圣尚皮耶德堡（Saint-Jean-Pied-de-Port）附近的一个牧羊人制作，牧羊人每年5月赶羊上山，在山里挤羊乳并制作奶酪。而后由当地一家店的店主小心熟成每一个奶酪，成品在店内出售。奶酪外皮黄、橘、米黄色相间，有些湿润。内芯呈灰色，滋味细腻。这种农庄奶酪至少得熟成3个月。

直径19厘米，高7厘米	
3千克	
50%	
✓ 全年：视熟成而定	
全脂生乳	
玛歌（Margaux），马第宏（Madiran）	

阿基坦（比利牛斯—大西洋）

阿迪－卡斯纳（2）

ARDI－GASNA（2）

此农庄奶酪在比利牛斯高山上的埃耳欧纳（Aire-Ona）农场制造，农场里饲养有250头绵羊和60头乳牛。在巴斯克语中，埃耳（aire）意指空气，欧纳（ona）是纯正或优良之意。每年春季，牛羊被领至丰茂的山坡上放牧，在此度过夏天。用绵羊乳制造的春季奶酪，十分受推崇。到了11月，牛羊下山生育仔牛和羔羊。冬季间，牛羊以玉米和干草喂食。熟成期可长达两年，年轻的奶酪则仅熟成2~3个月，香味怡人。

- 直径27厘米，高8~9厘米
- 4千克
- 未标明
- ✓ 春季最佳
- 全脂生乳
- 依芦雷基，波尔多丘（Cotes de Bordeaux）（年份较新的）

阿基坦（比利牛斯—大西洋）

焦奶酪

FROMAGE DE VACHE BRULE

这两种农庄奶酪亦是在巴斯克地区以牛乳制造，焦奶酪的外皮用了烧焦的橡木来添香，内芯细致，带酸味。

凝乳奶酪

CAILLE DE LAIT DE VACHE

这种特制的奶酪是由新鲜奶酪和糖或蜂蜜混合而成。食用时可搭配咖啡；掺入糖和雅马邑白兰地（Armagnac）则成为甜点。

- 直径13~15厘米，高5~6厘米
- 1~1.3千克
- 未标明
- ✓ 春季最佳
- 全脂生乳
- 依芦雷基，波尔多丘（Cotes de Bordeaux）（年份较新的）
- 咖啡

阿基坦（比利牛斯—大西洋）

欧比克斯比利牛斯
AUBISQUE PYRENEES

这种未熟成的农庄奶酪产于贝昂地区的欧梭谷（Vallee d'Ossau），奶酪表皮上盖了F字样，是3位牧羊人中一位的名字缩写。据地方人士说，只有这3位牧羊人会制造这种奶酪。此奶酪混用绵羊乳和牛乳，比例不一定，视季节和产量而定，风味温和柔顺。一般而言，牛乳用的愈多，则风味愈柔和。由于奶酪用了两种乳，熟成期比纯用绵羊乳的奶酪短，仅需2个月。

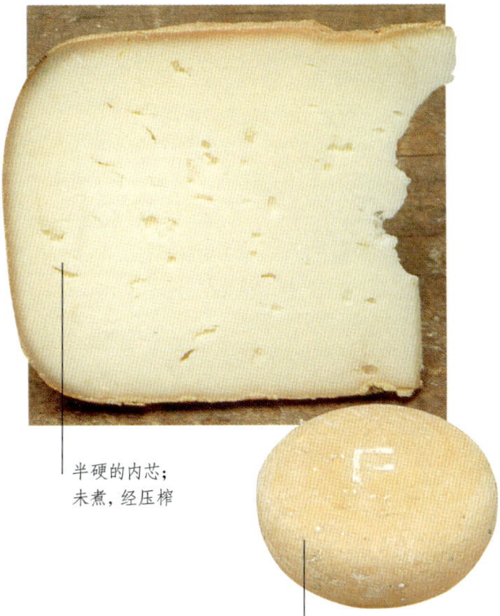

直径26~30厘米，高10厘米
5千克
未标明
春季至秋季
生乳
生乳
马第宏（年份新），布拉伊丘（Cotes de Blaye）

阿基坦（比利牛斯—大西洋）

巴斯克山间小屋绵羊奶酪
BREBIS PAYS BASQUE LE CAYOLAR

一位年轻的奶酪商，每天一早驾着小货车到市场，到达目的地之后，下车来打开货车的一侧，车子立即成为流动的奶酪店。他的农庄奶酪外皮呈褐色，灰色的内芯黏且闪闪发亮，由于制作时以及在7个月的熟成期中曾加压，故内芯分布着小孔。含脂量可能颇高。其名称直截了当，就叫Brebis Pays Basque le Cayolar，意即在巴斯克一带的山间小屋制造的绵羊奶酪。图中奶酪购自圣尚皮耶德堡。

直径19厘米，高7.5厘米
2.5千克
未标明
夏末最佳
全脂生乳
巴歇汉克

阿基坦（比利牛斯—大西洋）

绵羊
BREBIS

这种农庄奶酪购于欧梭谷小山村伊塞斯特（Izeste），是在山庄里制造。原料乳风味平顺温和，奶酪风味却出奇地强烈。外皮上有 C和D两个字母，为制造这一奶酪的牧羊人卡梭先生（M.Daniel Casau）名字的缩写。熟成期为3个月。

天然外皮

半硬的内芯；未煮，略压榨

⊖	直径26厘米，高8厘米
⚖	4.05千克
◫	未标明
✓	夏末最佳
🐑	全脂生乳
🍷	依芦雷基，格拉夫

阿基坦（比利牛斯—大西洋）

密克斯特
MIXTE

欧梭河发源于海拔2887米的中欧梭峰顶，流经伊塞斯特村。村内有间小屋，门口挂了个小招牌，写着“乳牛、山羊、绵羊”，当地人都带着桶到这里买牛、羊乳。进门处展示着两三种奶酪，屋主在木板上切割这些奶酪。这几种奶酪风味醇厚，芳香盈口。虽然原科乳味道温和柔顺，奶酪却出奇地浓烈。熟成期3个月。

天然外皮

半硬的内芯；未煮，略压榨

⊖	直径27~31厘米，高8厘米
⚖	5.1千克
◫	未标明
✓	夏末最佳
🐄	全脂生乳，牛羊各半
🐑	全脂生乳，牛羊各半
🍷	依芦雷基，格拉夫

阿基坦（比利牛斯—大西洋）

比利牛斯绵羊

BREBIS PYRENEES

在圣尚德鲁兹（Saint-Jean-de-Luz）的市场上，有位奶酪商和他的女儿兼学徒，贩卖硬质的大型农庄奶酪，谁也不准碰触这些奶酪。他们在欧梭谷的阿胡第（Arudy）附近一座农场制作这些奶酪。熟成期为6~10个月。

直径26~28厘米，高9~10厘米
5~6千克
未标明
全年，视熟成期而定
全脂生乳
巴歇汉克

绵羊奶酪

FROMAGE DE BREBIS

制造此农庄高山奶酪的地区，每逢冬季总被白雪覆盖，交通不便。奶酪是重要的粮食，因为它是用夏季产量丰沛的乳所制造，且可储藏数月。一年有6~7个月的时间可制造这种奶酪，熟成期为8个月。奶酪又大又重，外皮呈红褐色。黄色的内芯十分扎实，可保存内芯风味的外皮也相当坚实。这种奶酪相当美味，应多咀嚼一会儿，以利其风味充分发散。大部分产品都被本地人吃掉。

直径25厘米，高9厘米
5千克
未标明
秋季最佳
生乳
巴歇汉克，布拉伊丘

农庄牛奶酪和绵羊奶酪

FROMAGE DE BREBIS ET VACHE FERMIER

这种农庄奶酪是用牛乳和绵羊乳混合制成，外皮上的字母 S 为制酪人桑许先生（M.Sanche）的姓氏缩写。他一年只制造 200 个奶酪，在奶酪仍新鲜未加熟成前，即批发给殊尔先生（M.J-C.Chourre）。后者负责奶酪的熟成和销售。他的藏酪窖数年维持 1500 个奶酪的存量，此藏酪窖是他家传的产业。奶酪的品质优劣，视乳质而定，两三岁大的绵羊乳质最佳。熟成期约 3 个月。

硬质内芯上有小孔；未煮，略压榨

天然外皮，黄中带红

直径24~26厘米，高8 厘米
3.5千克
未标明
全年，夏季最佳
生乳
生乳
依芦雷基

阿基坦（比利牛斯—大西洋）

欧梭谷绵羊奶酪（AOC）

FROMAGE DE BREBIS VALLEE DE I'OSSAU

在法国和西班牙边境有渔船汇集的圣尚德鲁兹港，有家很棒的奶酪店，店内售有贝昂和巴斯克两个比利牛斯山主要制酪区的绵羊奶酪。店主莒邦（M.C.Dupin）是奶酪熟成大师。他的奶酪细腻优雅，把大地、高山、绵羊、山羊和熟成技巧完美地糅合在一起，各种风味达成绝妙的平衡，给味蕾充分的感受。熟成期达 5 个月。食用时宜佐以巴斯克的依芦雷基酒。AOC 于 1980 年通过。

半硬的内芯；未煮，略压榨

天然硬外皮

直径26厘米，高9厘米
5千克
50%
春季至秋季
全脂生乳
依芦雷基，不甜型恩特得美尔（Entre Deux Mers sec）

阿基坦（比利牛斯—大西洋）

农庄绵羊奶奶酪

FROMAGE FERMIER AU LAIT DE BREBIS

此芳香略咸的农庄奶酪，产自比利牛斯山区贝昂地区的佩能（Penen）农场，有大、中、小三种尺寸。农场主人自己替绵羊挤奶、自制奶酪，并在当地市场销售。她对自己的奶酪有如下说明：“现在的人爱吃不太咸、鲜嫩的奶酪，我的奶酪适合立刻享用，最好快点卖掉，何况还挺重的。不过多少还是得掺点盐，其实最好熟成一阵，只是这样一来，个头会变小，价钱变高。”熟成期开始时要擦拭奶酪，4 个月期间内也得不时拂刷。

半硬的内芯；未煮，经压榨

天然外皮

直径9~26厘米，高5~11厘米
0.5~6千克
未标明
夏季至冬季
全脂生乳
不甜型居宏颂

阿基坦（比利牛斯—大西洋）

农庄牛奶奶酪

FROMAGE FERMIER AU LAIT DE VACHE

和上图的绵羊奶酪一样，此种农庄牛奶酪亦产自贝阿恩的佩能农场，有大、中、小 3 种不同尺寸。在熟成期间得不时拂拭擦抹，有时以盐揉搓，接着静置至少 2 个月。

半硬的内芯；未煮，经压榨

滑顺的天然外皮

直径11~20厘米，高5~6厘米
1~2千克
未标明
全年；春季最佳
生乳
马第宏

阿基坦（比利牛斯—大西洋）

拉兰省欧梭奶酪

FROMAGE D'OSSAU，LARUNS

此种农庄奶酪生产于拉兰省（Laruns）的巴吉小村（Hameau de Bages），这里是欧梭谷的制酪中心之一。其风味强烈，依据传统，要在享用过当地一道名叫葛珀（garbure）,的浓汤（大葱、卷心菜、芹菜、白扁豆、培根、焖鹅肉冻和鹅油小火慢炖三四个小时而成），以及烤羊肉之后，再食用这种奶酪，熟成期达5个月。

直径25厘米，高12厘米(不均等)
6千克
未标明
夏末最佳
全脂生乳
不甜型居宏颂

牛奶酪

FROMAGE DE VACHE

此种农庄奶酪产于欧梭谷拉杭省的巴吉小村，该村高山环绕，坐落于比利牛斯山海拔531米处，空气清新冷冽，离西班牙边界仅29公里。这种奶酪风味丰润扎实，熟成期至少需要2个月。

直径24厘米，高6厘米
3千克
未标明
春季
生乳
马第宏

密克斯特本地奶酪

FROMAGE DE PAYS，MIXTE

这种奶酪购自欧比斯克隘口（Col d'Aubisque）地区的一家店，店里的标示只注明是“本地奶酪”（Fromage de Pays）。此地大多数农场牛和绵羊皆有饲养，当制酪的羊乳不够时，便添加牛乳。混用两种乳的内芯较甘甜，接近奶油，色泽偏黄且不那么干。熟成期通常需 8 个月。

直径15厘米，高9厘米	
4.6千克	
未标明	
全年，视熟成而定	
生乳	
生乳	
不甜型居宏颂	

阿基坦的农场出产各种比利牛斯绵羊奶酪，这些奶酪都是未煮、经压榨、内芯半硬的拥有天然霉的奶酪。

拉兰
LARUNS

拉兰省每年举行一次奶酪展，来自这个地区各角落的牧羊人前来参展，出售他们的产品，并确立次年的价位。由于绵羊乳比牛乳浓稠，因此制作1千克的奶酪，仅需5.5升的绵羊乳，若用牛乳则需10升。图中这种农庄奶酪外皮干燥，内芯灰色，易碎，为成熟的绵羊奶酪的颜色。经过6个月的熟成，此种奶酪在酸味、咸度、脂肪量上形成均衡，而羊膻味使其风味更佳。欧梭谷的奶酪有一项特征，就是绝不柔软。

半硬的内芯；未煮，经压榨

干燥的天然外皮

直径28厘米，高9厘米
5千克
未标明
拉杭，全年；高山夏季奶酪，10月
生乳
不甜型居宏颂

阿基坦（比利牛斯—大西洋）

马托克绵羊奶酪（AOC）
MATOCQ

此种工匠奶酪是依据其制作者马托克（M.C.Matocq）而取名，他在贝昂的阿颂（Asson）制造这种绵羊奶酪。奶酪扎实紧密，带咸味。熟成期为半年至一年。

只有少数的奶酪有品牌且属于AOC，马托克绵羊奶酪是其中之一。它符合AOC中有关欧梭—伊哈迪—比利牛斯绵羊奶酪类别的规定。AOC于1980年通过。

半硬的内芯；未煮，经压榨

天然外皮

直径26厘米，高9厘米
4.2千克
50%
全年，春末至秋季最佳
全脂生乳
不甜型居宏颂

阿基坦（比利牛斯—大西洋）

马托克牛乳奶酪

MATOCQ

图中为马托克牛乳奶酪，和绵羊乳制成的奶酪同样香浓。绵羊奶酪年产量为200吨，混合奶酪（绵羊乳、牛乳各一半）为110吨，牛乳奶酪则为200吨。此种奶酪需置于8℃~10℃的藏酪窖中熟成6~8个月，有些甚至熟成一年。马托克先生的奶酪出口至德国、比利时和美国，出口量年年增加。

天然外皮

半硬的内芯；未煮，经压榨

⊖	直径24厘米，高9厘米
⚖	4.2千克
◫	50%
✓	全年
♉	全脂
🍷	不甜型居宏颂

阿基坦（比利牛斯—大西洋）

欧梭农庄奶酪

OSSAU FERMIER

这种农庄奶酪熟成期为4个半月，比利牛斯山的奶酪一向是慢慢加以熟成。图中所示的奶酪尚未完全成熟，但已臻至完美，内芯平均分布着小孔。此种奶酪入口干且带咸味，气味颇佳，闻起来有融合协调的油脂香，咀嚼之后，充分散发其甘中带酸的风味和芳香，是种味浓且不温不火的奶酪。

半硬的内芯；未煮，略压榨

天然外皮

⊖	直径16厘米，高9厘米
⚖	4千克
◫	未标明
✓	全年，视熟成而定
♉	全脂生乳
🍷	马第宏（蒙莒酒庄[Montus]出品），波雅克（Pauillac）

阿基坦（比利牛斯—大西洋）

在山间制作奶酪

法国阿尔卑斯山的夏季来得很迟，不过，每年当冬季的白雪皆已融化，夏季放牧随即展开。

6月中旬至下旬，通常分属于几位农民的牛群由夏季放牧人（alpagistes）赶上高坡，这些放牧人会随着牛群留在山间。牛儿顺着自己的步调，在花草丛徜徉。放牧人则住在山间小屋（山庄）里，一天替牛挤两次奶，并制作奶酪。小屋散落在山间各处，就像是接力制造奶酪的转运站，因为牛儿愈爬愈高，不会固定停在一点。当某处的青草都啃光了，牛群会走向更高的山坡，以寻觅新的牧草地。到了8月中旬，牛群会到达约3000米的高度，离雪线已不远。当初雪飘起，就表示该下山了，放牧人沿着先前途经的山坡，逐步把牛群引下山，此时坡地又已绿草繁茂。在9月29日圣米夏日（Saint-Michael's Day）当天，牛群返村。牛儿回到牛舍生育牛犊，冬季奶酪产季就此开始。

比利牛斯山也有类似的夏季放牧，叫做季节性转移放牧，不过所放牧的不是牛，而是牧羊人照管的绵羊和山羊。

高山牛乳
放牧人在散落山间的小屋里，用放牧在阿尔卑斯山高坡上的牛儿生产的香浓牛乳制造奶酪。

杜尔马雷

TOURMALET

虽然大多数比利牛斯山奶酪个头都很大，仍有数种不同大小，以便于买卖。杜尔马雷是以产区的一座山为名的工匠奶酪，用绵羊乳制造。其口感醇厚，风味朴实怡人，足以和个头较大的奶酪相抗衡。熟成期为一个月。

半硬的内芯；未煮，经压榨

硬的天然外皮

⊖	直径10厘米，高7厘米
⚖	600克
◫	50%
✓	全年
⚘	生乳
Ꝗ	不甜型居宏颂

阿基坦（比利牛斯—大西洋）

小巴杜

LE PETIT PARDOU

这种奶酪为杜尔马雷奶酪改用牛乳制作而成。牛、羊奶酪皆在拉兰城制造。

半硬的内芯；未煮，经压榨

直径10厘米，高7厘米	
600克	
50%	
全年	
未标明	
马第宏，弗朗萨克(Fronsac)	

阿基坦（比利牛斯—大西洋）

硬的天然外皮

比利牛斯山羊的羊乳可用来制作杜尔马雷、马托克绵羊奶酪、拉兰以及其他多种当地奶酪。

布里奶酪Brie

莫城布里（AOC）

BRIE DE MEAUX

位于巴黎以东处50公里外的布里地区（Brie）一片青葱，制酪历史悠久。促成此种奶酪地位重要的原因之一，是由于产地距离巴黎不远，而巴黎又是奶酪买卖的中心地。自古以来，布里奶酪即依地理位置区分产地和熟成期。

莫城布里奶酪出售时，奶酪至少已一半成熟，品质细致，外观和气味皆和谐均衡，有最上等乳制品应有的甘甜。右图的奶酪熟成状态良好，观其外皮有如白绒，而当奶酪已成熟时，顶端和侧边会略呈红色。内芯致密，质地均匀，带稻草色。其气味略霉，带有丰富的甜香和熏香，风味香浓醇厚。

莫城布里奶酪有工匠和工厂两种，必须在本页下方所示的AOC地区以及上塞纳（Haute-Seine）、塞纳圣德尼（Seine-Saint-Denis）、马恩河谷（Val-de-Marne）和巴黎熟成。

制酪时，凝乳几乎不加切割，沥干过程同步进行，液体从大面积的表面蒸发。如果沥干过程太快，奶酪可能会裂开。熟成期通常为8星期。

外皮有薄薄一层白霉，上有交错的红纹

柔软、质地均匀且丰润的内芯；未煮，未经压榨

直径36~37厘米，高3~3.5厘米	
2.5~3千克	
未标明	
每100克至少44克	
全年	
生乳	
圣朱里安（St. Julien），冯内—侯玛内（Vosne—omanee），艾米达吉（Hermitage）	

法兰西岛大区（塞纳—马恩）；中央区（卢瓦雷）；香槟—亚耳丁（奥布，马恩，上马恩）；洛林（默兹）勃艮第（荣纳）

AOC规定：莫城布里

1. 牛乳仅限于凝乳时加热一次，而且不得超37℃。
2. 必须用特制的布里铲（pelle à Brie）手工把奶酪填入模具中。
3. 只准用干燥的盐来替奶酪调味。
4. AOC颁布于1980年。

布里农庄奶酪
BRIE FERMIER

克莱恩夫人（Mme Clein）的农场在葛朗东（Glandon），她是最后一位用传统方法制造此种奶酪的人。来自牛舍，带有阿摩尼亚味的氤氲热气，促进了奶酪外皮长霉。她的合伙人嘉诺夫人（Mme Ganot）负责熟成并在莫城（Meaux）和默朗（Melun）的市场贩售奶酪。她说："配上青苹果和核桃，或者再来杯香槟，可好吃了。"由于尺寸不对，不得称为莫城布里 AOC。外皮上有放在麦秆上而形成的红纹，色泽如同成熟的布里奶酪，风味醇厚芳香。熟成期为 2 个月。

直径32厘米，高2厘米
1.88千克
未标明
自夏季起
生乳
圣朱里安，冯内–侯玛内，艾米达吉

法兰西岛大区（塞纳—马恩）

黑布里
BRIE NOIR

右图的陈年布里约已熟成一年，味厚且质地柔软，当地居民喜欢把它浸在牛奶咖啡里当早餐。

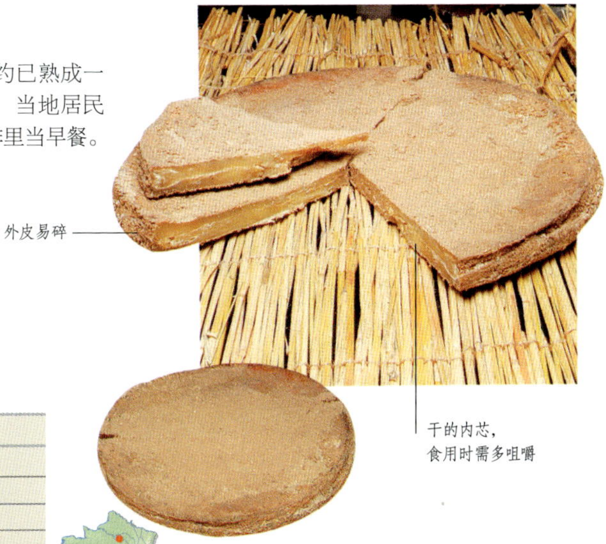

直径30厘米，高2厘米
1.45千克
未标明
全年
生乳
夏隆堡黄酒（Chateau Chalon jaune），阿伯瓦黄酒（Arbois jaune）

法兰西岛大区（塞纳—马恩）

默朗布里（AOC）

BRIE DE MELUN

默朗布里奶酪和莫城布里奶酪，皆产自同一地区，后者较细致顺口，前者则较强烈、浓厚且咸。两者有差异，是因为制造方法不同，制造莫城奶酪时添加了凝乳素，不到半小时即可凝固；默朗奶酪和则靠牛乳自行发酵，因此需18小时才会凝结。此种奶酪熟成期亦较长，需置放熟成至少4星期，但通常历时7～10星期。

图中的工匠奶酪带霉臭味，内芯丰润，甘中略带咸。

大多数的默朗布里奶酪被本地人吃掉，市场上新鲜品和成熟品皆有售。因牛乳发酵的缘故，新鲜奶酪带酸味，并且如同上好的浓郁牛奶一样带有甘甜味。

薄薄的白霉外皮，上有褐色或红色的纹路

内芯柔软，质地均匀，色泽如乳脂一般；未煮，未经压榨

熟成10星期

熟成10星期

新鲜奶酪

法兰西岛大区（塞纳—马恩），香槟—亚耳丁（奥布），勃艮第（荣纳）

⊖	直径27～28厘米，高3.5～4厘米
⚖	1.5～1.8千克
🄳	45%
∴	每100克含40克
✓	全年
🐄	生乳
🍷	勃艮第

AOC规定：默朗布里

1. 牛乳仅限进行凝乳时加热一次，而且不得超过30℃。
2. 必须主要靠牛乳发酵来促使乳凝结，但亦可用凝乳素。
3. 凝乳至少18小时。
4. 必须缓缓沥去水分。
5. 必须人工用手把凝乳铺入模具内。
6. 只能用干的盐来加味。

AOC颁布于1980年

古隆米耶布里

BRIE DE COULOMMIERS

据说古隆米耶是一切布里奶酪的始祖。直到1989年以前，农庄制法的古隆米耶布里奶酪皆由史托姆夫人（Mme Storme）所制，她曾饲养了50头牛。她制作的奶酪交由当地一个家族公司——“布里奶酪会社”（Societe Fromagere de la Brie）加以熟成，历时4星期。

当地人偏嗜质地较结实，而不会一切即泄的奶酪。其甘甜的香味和霉味会在口中扩散开来。如今此种奶酪无农庄类别，工匠奶酪已取而代之。

直径21～25厘米，高3厘米
1.3千克
45%
秋季至冬季
生乳
勃艮第，波尔多，罗讷河丘（Cotes du Rhone）

法兰西岛大区
（塞纳—马恩）

蒙特罗布里

BRIE DE MONTEREAU

此工匠奶酪味道近似默朗布里奶酪。以布里类的奶酪而言，本种后味和气味都偏强。图示的奶酪仍十分鲜嫩。熟成期为5～6星期。

直径18～20厘米，高3厘米
0.81千克
40%～45%
夏季至冬季
生乳
勃艮第，波尔多，罗讷河丘

法兰西岛大区
（塞纳—马恩）

古隆米耶

COULOMMIERS

布里奶酪有大、中、小3种，古隆米耶奶酪体型小而厚，图示为即将熟成的奶酪，十分受当地人喜爱。淡黄色内芯中心的小小部位，带着新鲜奶酪的酸味，内芯本身则具有甘甜滋味且入口即溶。从这一块奶酪，可看出熟成期间的不同阶段。依制造类别有农庄、工匠和工厂三种，用生乳制造的奶酪熟成期为8星期，用高温杀菌乳制造的则需熟成至少4星期。

⊖	直径12.5～15厘米，高3～4厘米
⚖	400～500克
♣	每个奶酪至少140克
⊐	至少40%
✓	夏末（农庄奶酪）；全年（高温杀菌乳）
♉	生乳或高温杀菌乳
▼	勃艮第，波尔多，罗讷河丘

法兰西岛大区（塞纳—马恩）

羊齿叶

LE FOUGERUS

这种工匠奶酪属于布里奶酪的一种，体积比古隆米耶稍大一些。此奶酪最早是在农场制造，仅供自家食用，羊齿叶不但有装饰之效，并可替奶酪添香。20世纪初，此奶酪首度开始商业化生产。闻起来有羊齿叶香夹带着霉味，内芯柔润甘甜，带有咸味。熟成期为4星期。

⊖	直径16厘米，高4厘米
⚖	650克
⊐	45%～50%
✓	春季至夏季
♉	生乳
▼	勃艮第，波尔多，罗讷河丘

法兰西岛大区（塞纳—马恩）

南吉斯布里

BRIE DE NANGIS

这种工匠奶酪有一阵子被默朗布里奶酪(见82页)挤出市场,不见踪影。后来有位制酪人恢复生产,但地点已不在南吉斯。图中的奶酪中心尚未成熟,合乎嗜食鲜嫩布里奶酪者的口味。熟成期为4~5星期。

⊖	直经20~23厘米,高4厘米
⚖	1~1.2千克
⊐	45%
✓	夏季至冬季
	生乳
🍷	勃艮第,波尔多,罗讷河丘

省区布里

BRIE DE PROVINS

在一阵彻底但幸而是短暂的消失之后,省区布里奶酪又小规模地重返市场,制造者仅有一人。图中这个布里奶酪的内芯正熟成到软滑如脂的程度,入口即溶。有些人喜欢鲜嫩的奶酪,但此种奶酪正如图所示,在完全成熟时口感最佳,因为此时其余味不绝的乳香,以及清晰又细致的霉味,都充分散发出来。这是一种工匠奶酪,熟成期为4~5星期。

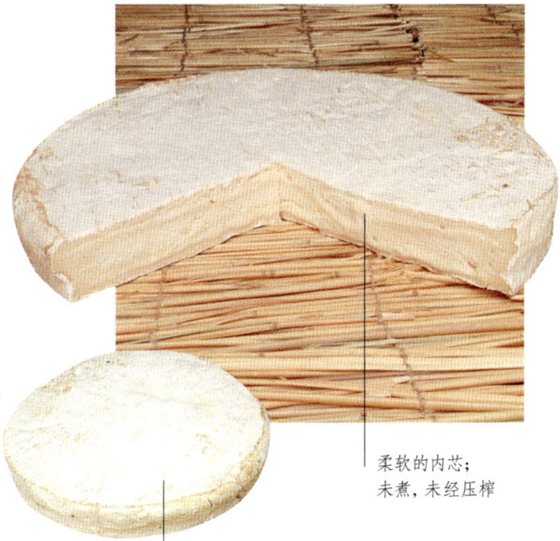

⊖	直径27厘米,高4厘米
⚖	1.5~1.8千克
⊐	45%
✓	夏季至冬季
	生乳
🍷	勃艮第,波尔多,罗讷河丘

法国奶酪

C

卡贝谷／侯卡玛杜 Cabecou / Rocamadour（AOC）

这些体积小的可口奶酪，用平原上的山羊乳来制作，熟成状态良好，风味十足，外观亦佳。侯卡玛杜（Rocamadour）、格拉马（Gramat）和卡律塞（Carlucet）所形成的三角地带，每年产量约490吨。根据法国南部的古老方言，卡贝谷意指小型的山羊奶酪。这种清新的春季奶酪，颇值一尝。AOC侯卡玛杜之名，专门保留给用全脂生山羊乳制造的奶酪，于1996年1月16日颁布。

格拉马卡贝谷

CABECOU DE GRAMAT

这种农庄奶酪需熟成至少10天。

格拉马卡贝谷

柔软的内芯；未煮，未经压榨

中比利牛斯（洛特）

外皮有天然霉

卡贝谷

CABECOU

这种农庄奶酪产自凯尔西地区。

卡贝谷

外皮有天然霉

毕卡度

PICADOU

用核桃叶或一般树叶包裹成熟的卡贝谷奶酪，再沥以李子酿制蒸馏酒，置放于密封罐里，便成为这种奶酪。酒香会渗进奶酪中，碎胡椒粒则在口中制造出近乎清脆且怡人的口感，让这种原已辛香的奶酪尝来辛辣味更浓，毕卡度之名正有辛辣之意。

毕卡度

柔软的内芯；未煮，未经压榨

- 直径4～5厘米，高1～1.5厘米
- 30～40克
- 45%
- 春季至秋季
- 生乳
- 生乳

侯卡玛杜卡贝谷(AOC)
CABECOU DE ROCAMADOUR (AOC)

这些小型的农庄或工匠奶酪，个头小而熟成快，外皮很薄，内芯柔嫩如脂，并带有乳与霉纤细微妙的气息；后味如糖和榛果，十分清淡。熟成期至少4星期。图中所示为各种不同熟成期的奶酪。AOC颁布于1996年。

熟成约1星期

直径4～5厘米，高1～1.5厘米
30～40克
45%
春季至秋季
生乳
加雅克
不甜型贝杰哈克

中比利牛斯（洛特）

熟成约2星期

熟成约2星期

熟成约4星期

熟成约6星期

卡蒙贝尔（Camembert）奶酪制作法

农庄卡蒙贝尔
杜杭的农场门口悬挂着这幅彩色招牌，借以宣传他所制造的农庄卡蒙贝尔奶酪，他自1981年起在农场里制酪。

法国北部的诺曼底，气候温和且多雨，柔和的阳光与湿润的空气让大地一片青葱，典型的毛色黑白相间的诺曼底乳牛，即以丰沛的青草为食，所产乳质一流，使得诺曼底奶油和乳脂闻名四方，主教桥（Pont l'Eveque）、立瓦侯（Livarot）和卡蒙贝尔等可口奶酪亦闻名遐迩。

1961年出生于巴黎的法杭索瓦·杜杭（Francois Durand），自1981年起在诺曼底的卡蒙贝尔村外制造农庄卡蒙贝尔奶酪。他用45头牛的乳汁，一周制造至少650个奶酪。一个250克的卡蒙贝尔，大约需要2.3升的牛乳。制造这一奶酪需要2天时间。杜兰制作的奶酪品质优良，但尚未获得AOC地位，AOC只承认诺曼底卡蒙贝尔（Camembert de Normandie）一种奶酪。

1.牛乳来自诺曼底乳牛
牛一天挤奶2次，早晚各一次。

2.挤奶
挤下来的牛乳从挤乳场送至12℃的冷藏柜里。

3.加乳酸培养基
制造日前一天，在牛乳中添加乳酸。

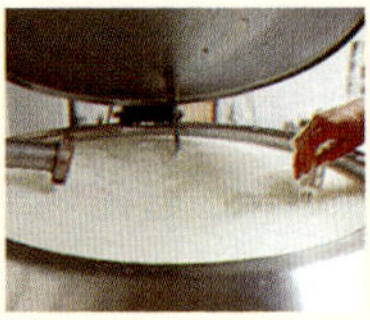

4.去脂
去除部分脂肪（20%），牛乳加热至32℃。

5.加热牛乳
温牛乳倒入容量100升的桶里，空气的温度为30℃，湿度近100%。

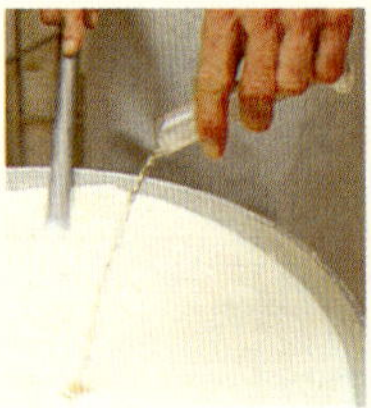

6.加凝乳素
把取自牛第四个胃的凝乳素调入牛乳内，每100升加17毫升。

7.凝结
其后1.5～2小时，乳汁渐渐凝固。

8.台面准备就绪
在有凹槽的不锈钢台面，铺上一层用沸水煮过的白杨木帘。

9.塑胶模具
模具高13厘米，直径11.5厘米，侧边打洞。

10.清洁凝乳
用刷子刷除聚集在凝乳表面的杂质。

11.切割凝乳
用60厘米长的刀子，纵横切割凝乳4次。

12.舀出凝乳
把桶中的凝乳舀至模具中

13.填模
用来舀奶酪的勺子，直径和模具相同。

14.四层凝乳
凝乳分4次填入模具，每次皆为满满一勺。

15.第五层凝乳
1小时后，再加第五勺凝乳至模具中。

16.沥去乳清
乳清随着凝乳的重量自然沥出，拿去喂猪。

17.翻面
7小时后，用手小心地把模具翻面。

18.覆盖
把金属板（95克）覆盖在白奶酪上，放一夜。

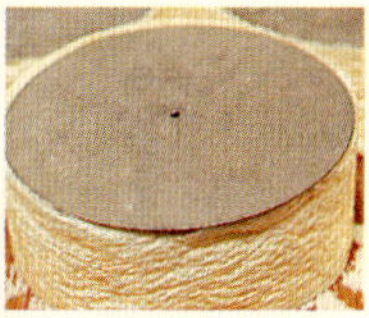

19.拿掉模具
次日拿掉模具，金属板有助于奶酪沥除水分。

20.拿掉金属板
逐片把金属板从奶酪上拿掉。

21.加霉菌
在奶酪上洒下用水稀释过的3种青霉菌。

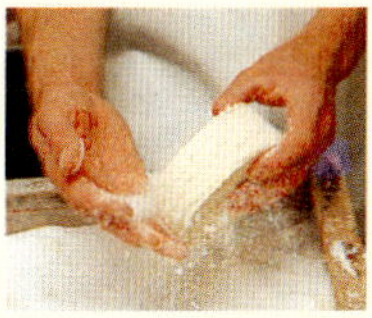

22.在侧面和表面抹盐
5天后把上等干盐直接抹在奶酪侧面和表面。

23.底面抹盐
把奶酪一字排好，翻面，在底部抹薄盐。

24.在表面洒霉菌
在奶酪新形成的表面洒上用水稀释过的霉菌。

25.静置
奶酪静置过夜，接着才可风干。

26.风干室
室温14℃，湿度85%。奶酪在这放2星期。

27.第5天
5天后，奶酪仍颇厚，逐渐长出外皮。

28.第8天
8天后，奶酪缩小，在风干时翻面。

29.2星期
2星期后，卡蒙贝尔奶酪特有的白霉长出。

30.包扎
奶酪包上一层蜡纸，准备进行包装。

31.包装
奶酪装入木盒中，送往奶酪专卖店。

32.即可供食
在奶酪专卖店熟成2星期后，卡蒙贝尔奶酪即可使用。

诺曼底卡蒙贝尔(AOC)

CAMEMBERT DE NORMANDIE（AOC）

对许多人来说，卡蒙贝尔等同于法国奶酪。早在卡蒙贝尔于1983年获得AOC地位前，就已经是世上被仿制最多的奶酪。选购卡蒙贝尔一定要睁大眼睛：奶酪外形必须完好无缺，外皮包覆着白霉，并有红色纹路和斑点。内芯应呈乳脂黄且柔润，手指压下去会略微凹陷，嗅来应略带霉味，尝起来咸咸的。当地人偏嗜半生熟的卡蒙贝尔奶酪，内芯中心仍呈白色，而非乳脂色。

卡蒙贝尔奶酪有合作社和工厂两类产品，在AOC所载的地区内，自制造日算起至少需熟成21天。如今已很难找到上好的卡蒙贝尔奶酪，有位年轻的酪农已开始制造农庄卡蒙贝尔奶酪，但他的产品还未获得AOC地位。

⊖	直径10.5～11厘米，高3厘米
⚖	至少150克
♣	每个奶酪台215克
⊐	至少45%
✓	全年
	生乳
▼	圣爱美浓，圣爱斯台夫

诺曼底（卡尔瓦多斯，芒什，奥恩，厄尔，塞纳滨海）

外皮有白霉，间或有红点

AOC规定：诺曼底卡蒙贝尔

1. 牛乳中不得添加浓缩奶水、奶粉、乳蛋白或色素。
2. 牛乳加热下得逾37℃。
3. 尚未切割的凝乳必须垂直切片。必须用直径与模具相同的勺子把凝乳填入模具中，这一填模步骤要分数次进行，至少连续4次（见64～65页）。
4. 用来调味的盐限用干盐。
5. 加盐后的奶酪必须移入风干室，室温在10℃～14℃之间；奶酪必须置于木盒中，进行这步骤之前，可将奶酪置于板架上，放在温度8℃或9℃的窖里。
6. AOC奶酪的标签上可出现用勺模具以传统方法制造的上等乳制品字样；非属AOC的奶酪商标上则以“诺曼底制造”字样来注明产地。

AOC颁布于1983年

家酿苹果酒卡蒙贝尔

CAMEMBERT AFFINE AU CIDRE DE LA MAISON

这种奶酪的制作者，把鲜嫩的卡蒙贝尔奶酪连同白霉外皮浸到苹果酒中15天左右，而得出这种特制奶酪。奶酪汲取了苹果酒的味道和苹果的芳香，气味略有些刺鼻。

熟成期留下的布纹

苹果蒸馏酒卡蒙贝尔酪心

COEUR DE CAMEMBERT AU CALVADOS

这种奶酪是把削去外皮的卡蒙贝尔奶酪，浸泡在苹果蒸馏酒中而成；卡蒙贝尔奶酪和苹果蒸馏酒皆为诺曼底特产。

- 薄酒莱
- 苹果酒，贾斯尼耶苹果酒
- 苹果蒸馏酒

饰以一粒核桃

康夸尤特 / 美登

CANCOILLOTTE / METTON

工匠和工厂种类兼具的美登奶酪，可用来制作康夸尤特奶酪。美登是脱脂乳制成，做法为先使乳凝结，切薄，加热最高至60℃，挤压、重击后，熟成数日。康夸尤特则是将美登加少许水或牛奶，用小火慢慢融化，加盐与奶油。康夸尤特冷、热皆宜，一般是抹在面包上当早餐或点心，有时可搭配蔬菜或肉类。康夸尤特以盒装出售，有原味的，也有添加奶油、大蒜或葡萄酒调味的，滋味朴实。在弗朗什—孔泰区，康夸尤特是很受欢迎的食物。

美登

美登形如谷粒

康夸尤特

淡黄色，略带咸味，乳脂丰润，稠似蜂蜜

弗朗什—孔泰（杜）

- 脱脂乳
- 侏罗丘，勃艮第巴斯红酒

康塔尔、萨雷、拉吉约勒以及阿里高
Cantal、Salers、Laguiole and Aligot

康塔尔/康塔尔圆柱奶酪
CANTAL/FOURME DU CANTAL（AOC）

康塔尔奶酪有农庄、合作社和工厂3种制造方式，拿起一片康塔尔会觉得相当重且湿润。制酪时添加的盐分，让奶酪风味得以充分散发。成熟的康塔尔奶酪味道重，鲜嫩的则带有生乳的甘甜。

AOC颁布于1980年。

熟成6个月

半硬、扎实的象牙色内芯；未煮，压榨两次

直径36～42厘米，高35～40厘米
35～45千克
每100克成熟奶酪至少57克；每100克刚刚压榨的白奶酪至少56克
45%
全年
生乳，高温杀菌乳
奥弗涅丘，夏德凯，风车磨坊SH

奥弗涅（上卢瓦尔，多姆山）：中比利牛斯（阿韦龙，利穆赞，科勒兹）

熟成8天

识别铝牌：CA指康塔尔，15为产地编号，EE则为制酪者的代码

熟成6个月

深黄色的天然外皮，有红色和橘色的纹路

康塔尔奶酪制造法

康塔尔共有3种不同大小：普通重约40千克，小型重约20千克；康塔雷（Cantalet）则重约10千克。

1. 凝乳用布包裹起来，用压床加压。

凝乳

牛乳加热至32℃，在添加凝乳素之后约1小时，牛乳开始凝结。

切割凝乳

凝乳切成1厘米立方米的小块，静置片刻；去除乳清。

第一次压榨

把凝乳聚拢成团，每80～100千克用布包成一大包，用压床加压（图1），于是形成厚厚一片，叫做“凝乳册”（tome，图2），将之分切再加压数次，以压除乳清。

2. 把凝乳册切开，之后再次加压以去除乳清。

成形

凝乳册经压榨后，在12℃～15℃的温度中静置8小时，这会促进乳酸自然生长，保护并修补凝乳册的物理结构，如此方能促其熟成。成熟的凝乳册用碾磨机器打碎，这一步骤常见于其他国家，在法国却只见于制造康塔尔。

加盐腌制

打碎后如坚果大小的凝乳册需加盐，盐量在夏季时为每1千克凝乳册至少要24克，冬季则是21克，然后静置不去动它。盐会逐渐溶解，盐分平均散布在凝乳册当中。次日，凝乳册又结合成团，触之却立即崩塌；取一大把用力挤，随即往下抛，如果很容易离手，即表示腌好了。

3. 把碾碎的凝乳册放入包了一层布的模具里。

填模和压榨

把碎凝乳册填入包了布的模具（图3），用金属盖子盖住，用加压器压榨（图4）。在接下来的2天中，奶酪将受压榨三四次，每次都会换上新布。

4. 每个奶酪在两天当中加压三四次。

熟成

一旦奶酪形成康塔尔的形状，即将之脱模，送至熟成窖，那里又冷（10℃）、又湿（90%）、又暗，只保留一点点通风。自生产日算起至少30天间，奶酪每星期需揉搓、翻面两次。熟成分3阶段：30天的奶酪，生、白且带甜味；2～6星期为金黄色的中等奶酪（entre-deux或dore）；6个月则成略带红色的老奶酪（vieux）。

萨雷

SALERS（AOC）

2000年以来，奥弗涅山区一直遵循传统方法制造萨雷和康塔尔奶酪，其制法至今在根本上仍没有改变。根据AOC规定，其原料乳必须是山间放牧的乳牛在夏季所产；康塔尔则用其他季节的牛乳来制造。法国全国目前有36种AOC奶酪注册在案，萨雷是其中唯一完全为农庄奶酪的种类，奶酪上的红色铝标签即说明这一点。在AOC所认可的产区，自生产日起，熟成期需至少3个月。奶酪必须在12℃或以下的温度中熟成与储藏。

纯酪量对风味的影响

萨雷和康塔尔奶酪内芯无须煮，但必须加压2次，且2次之间凝乳册必须碾碎，这样一来，其纯酪量至少有58克，煮过且加压过的奶酪如伯堡（见26页），纯酪量更高。一般奶酪通常有一半的成分是水，每100克奶酪其纯酪量超过50克者并不多见。由萨雷的高纯酪量可看出，它是种内芯结实的扎实奶酪，所以质量均佳，风味更是一般奶酪难望其项背。

产季

康塔尔山一年有一半的时间白雪皑皑，牛群和放牧人在4、5月间出发上山，称之为burons的石屋是放牧人的居所，也是制造和熟成奶酪的场所。在阿尔卑斯山的萨瓦地区一带，这种小屋被称做chalets。1948年时，该地有1 000间制酪石屋，制出的奶酪名为“高山萨雷”（Salers haute montagne）。如今仅存20间石屋。1961年颁布了一项法令，规定高山

熟成10个月

黄色的内芯半硬、结实；未煮，经两次压榨

干燥的天然外皮

每100克奶酪所含纯酪量

康塔尔	萨雷	拉吉约勒	伯堡	布里
至少57克	至少58克	至少58克	至少62克	至少44克

每100克奶酪含脂量

康塔尔	萨雷	拉吉约勒	伯堡	布里
至少25.6克	至少26.1克	至少26.1克	至少29.7克	至少19.8克

萨雷奶酪必须制于5月20日至9月30日之间，如今这一期限已扩展为5月1日至10月31日。

制造

1997年，有89家农庄制造萨雷奶酪，每家农庄饲养有35~50头牛。每户的牛一天可生产350~400升的牛乳，制成一个重约40千克的萨雷奶酪。1997年在获得许可的半年产季期间，所有农庄共生产了26 500个奶酪，总重1 085吨（康塔尔则为17.385吨）。

萨雷乳牛

萨雷乳牛一年生育一次，每天产乳量在6.9~8.9升之间，每年产乳量为3.3吨。乳质优良，含有34%的蛋白质和38%的脂肪。这种牛的肉质亦佳，原产于中央高原。萨雷乳牛体形健壮，脾气驯良，毛色红褐，角的形状如七弦琴。

熟成18个月

10个月的熟成期

前一页图示的奶酪，已熟成10个月。红标签上的SA 15HK字样，代表生产地和制造者。褐色的外皮令人联想起干岩石的表面，这是一再揉搓奶酪，并置于12℃的凉爽藏酪窖中所造成的结果，其厚度保护了蛋黄色的内芯，散发出一种像肉味般的强烈气味。内芯很结实，却出乎意料的软，在舌上留下湿润如油脂一般的触感。其味道在口中挥发，带有山金车、秋牡丹、蒲公英、龙胆以及其他夏季高山花卉的芳香，浑厚、甜馥、有坚果味，并有陈盐的呛味和酸味。萨雷是种口味浓重的奶酪。

熟成18个月

右上图中的奶酪在熟成18个月后，外皮已裂开，且长出了霉花。这是因为奶酪虫吃掉外皮并侵入内芯的缘故。有些人特嗜食熟成至这阶段的奶酪，他们会削下外皮吃上头的粉末。

直径38~48厘米（熟成前），高30~40厘米
35~50千克
每100克成熟的奶酪至少58克
至少45%，每100克奶酪至少6.1克
视熟成状态全年生产；夏季产的萨雷可能在秋季才吃掉
夏季全脂，生乳
圣普桑，杜兰

中比利牛斯；利穆森（奥弗涅，康塔勒，上卢瓦尔，多姆山）

拉吉约勒
LAGUIOLE（AOC）

拉吉约勒奶酪的名字来自位于欧帕克（Aubrac）高原的同名村庄，发音如同“拉吉约勒”（laiyole），g不发音。这一奶酪有结实的金黄色内芯，外皮甚厚。康塔尔（见68页）、萨雷（见70页）和拉吉约勒3种奶酪制作法相同，形状也几乎一样，纯酪量都很高。在记载有案的产区内，自生产日算起，熟成期需至少4个月。熟成和储藏奶酪的温度必须低于14℃。AOC颁布于1976年。

拉吉约勒奶酪的历史

根据地方历史，拉吉约勒最早是11世纪由欧帕克山区的一家修道院制造。修士把做法传授给住在山间石屋里的村民，如今村民仍在石屋里制造奶酪。

这种奶酪的产量在20世纪初达到高峰，当时牛群和牧民的夏季放牧期自5月25日起至10月13日，一共只有142天。一头牛的奶酪产量仅有50千克，这不单是由于欧帕克山区的乳牛每日产乳不超过3~4升，而且制酪也局限于在夏季放牧期间内进行。尽管如此，1200位石屋牧民每年夏季仍制造出770吨上等的拉吉约勒。迄今，该地还有 295间石屋。

黄色的内芯半硬、结实；未煮，两次压榨

天然、干燥且轻盈的外皮，橘色和白色相间，熟成期愈久，色泽愈深

中比利牛斯（阿韦龙）：奥弗涅（康塔勒）：朗格多克—鲁西永（洛泽尔）

- 直径40厘米，高30~40厘米
- 30~50千克
- 每100克奶酪至少58克
- 至少45%，每100克奶酪至少26.1克
- 全年，视熟成状态而定
- 全脂生乳
- 风东内丘

协会成立

19世纪末，本地制酪业者成立协会，以促进销售，拉吉约勒村于是成为这一奶酪的制造中心。

1939年，这个协会改变其所担任的角色，以保护这种奶酪。不过，劳动人口的减少仍使石屋数目减至仅存55间。20世纪60年代，年产量减至33吨。为解除困境，“高山未成熟奶酪合作社”（Cooperative Fromagere Jeune Montagne）于1960年创立。至1976年，获准全年皆可生产奶酪。

拉吉约勒乳牛

很可惜，由于引进荷仕登（Holstein）乳牛，自1981年起拉吉约勒奶酪的品质显著下滑。原产于荷兰的荷仕登乳牛产乳量大，不过蛋白质不如欧帕克牛种的丰富。由于荷仕登牛不太能适应新环境，因此酪农着手进行研究，希望找到能适应欧帕克气候和土壤的牛种。他们选中瑞士的“东方红双色牛”（Pie-Rouge-de-l'Est），这种牛在300天中产乳4800升，含蛋白质32.5%。目前仍在进行进一步的研究，以期达到年产乳量5000升，至少含蛋白质32%的目标。

生产

拉吉约勒在3个不同省份生产，共47个村庄生产765吨（1997年），产量比不上萨雷或康塔尔。

虽然这奶酪大多数由合作社生产，目前仍有3个石屋沿用欧帕克高原的生乳来制造拉吉约勒，但后一种奶酪是卖给观光客的，并未依AOC规定至少熟成4个月。

如何切割又大又圆的奶酪

有些又大又圆的奶酪，比如拉吉约勒，动辄50千克，在切割时应格外留心，要笔直而且干净利落地一刀切进内芯。

1. 第一步要让奶酪站稳，准备纵向切第一刀。

2. 用坚韧的奶酪线，由上往下把奶酪分为均等的两份。

3. 每半个奶酪再腰斩为两块。

4. 接着把一分为四的奶酪分切成大小不等的三角形。

拉吉约勒小刀

拉吉约勒的村民以往每逢冬季即赴西班牙打工，他们在那儿发现折合刀很好用，回到法国后便开始仿造类似的刀。由于用来十分便利，后来拉吉约勒小刀之名就不胫而走。

阿里高/新鲜多姆

ALIGOT / TOME FRAÎCHE

这种奶酪的名称有两个可能的来源，一种说法是，阿里高是当地方言中对拉丁文中aliquid一词的误传，原文意为“某样东西”，中古世纪的朝圣者向修道院乞求金钱时，都是用这个字。修士会给他们汤、面包和新鲜的tome，意指一块奶酪。第二种可能的来源为古法语中的动词alicoter，意指“切割”，后来被缩短称为阿里高。

阿里高奶酪有农庄、合作社和工厂3种，烹调不少菜肴时会用到这种奶酪，常搭配马铃薯一同食用。这地区有道名菜即为阿里高奶酪马铃薯泥，把阿里高和热乎乎的马铃薯泥一同快速搅拌，使奶酪融化，接着用蒜头、炙烤香肠的肉汁、盐和胡椒调味。本地还有一道佳肴为阿里高栗子糊，食用时佐以本地的圣普桑红酒。

- 大六角形块
- 20千克，也有2.5千克的真空包装
- 45%
- 全年，尤其是春季至夏季
- 生乳或高温杀菌乳
- 圣普桑

奥弗涅（康塔勒），中比利牛斯（阿韦龙）

烹调奶酪

用搅拌勺拉扯融化的阿里高奶酪时，拉丝可达两三米长，必须趁热吃。

东部方形奶酪
CARRÉ DE L'EST

这种奶酪外皮湿润，摸来黏手且有弹性；内芯均匀密布小气泡，质软黏而味咸，入口即融。外皮覆着一层霉时，最宜进食。有合作社和工厂两类，熟成期3~4星期。

尺寸	11厘米见方，高3厘米
重量	300克
脂肪	45%
✓	全年
乳	高温杀菌乳
酒	香槟丘，阿尔萨斯黑皮诺，松塞尔

阿尔萨斯；香槟—亚耳丁；洛林

圣何米 SAINT-RÉ MY

这种风味温和的奶酪和东部方形奶酪（见上文）是同一类的奶酪，味道和卡蒙贝尔（见90页）类似，不淡也不重。想尝上一小块水洗式外皮奶酪时，很适合选择圣何米奶酪。只在工厂生产，熟成期2~3星期。

尺寸	9厘米见方，高3厘米
重量	250克
脂肪	45%~50%
✓	全年
乳	高温杀菌乳
酒	阿尔萨斯黑皮诺，松塞尔

洛林（默兹）

勒梭乐绪华
LE SAULXUROIS

这种工匠奶酪产自香槟区巴席尼（Bassigny）一带的梭乐绪华，和东部方形奶酪（见最上）也是同类。味咸，至少需熟成3星期，在这期间需用盐水洗奶酪。

尺寸	8~9厘米见方，高2.5厘米
重量	200克
脂肪	45%
✓	全年
乳	生乳
酒	香槟丘，阿尔萨斯黑皮诺，松塞尔

香槟—亚耳丁（上马恩）

夏乌尔斯（AOC）

CHAOURCE（AOC）

并非所有的奶酪皆需成熟，图示这种奶酪还很生，像轻盈的白雪一样在口里融化。这奶酪在勃艮第和香槟区的特定地区生产，有工匠和工厂两种。熟成期至少2星期，通常起码1个月。

香槟—亚耳丁（奥布）；勃艮第（荣纳）

⊖	直径9厘米，高6～7厘米（小型）；直径11厘米，高5～6厘米（大型）
⚖	至少250克（小型）；至少450克（大型）
♣	每个奶酪215克
🄳	至少50%
✓	全年，夏季至秋季最佳
♉	未标明
🍷	香槟丘，依宏希，松塞尔
🍷	伊朗斯，松塞尔
🍷	玫瑰红香槟

AOC规定：夏乌尔斯

1. 必须由乳酸促成凝乳，凝乳过程历时至少12小时。
2. 必须任其自然且缓缓沥干。

AOC颁布于1977年

钟姆

CHAUMES

这种工厂奶酪由居宏颂（Jurangon）的“钟姆奶酪工厂”（Fromageries des Chaumes）制造，它是法国最大的奶酪公司之一，产品有牛奶酪、绵羊奶酪、低脂奶酪和蓝纹奶酪。这种奶酪很容易入口，初闻几乎没有任何气味，也许有人会觉得其味稍嫌平淡。熟成期为4星期。

⊖	直径20～23厘米，高4厘米
⚖	2千克
♣	每个奶酪215克
🄳	50%
✓	全年
♉	高温杀菌乳
🍷	马第宏，布尔格丘

阿基坦（比利牛斯—大西洋）

卢瓦尔河山羊奶酪(AOC)

Chèvre de la Loire (AOC)

卢瓦尔河长1012公里，是法国最长的河流，源于中央高原，顺着地形先向北流，接着向西，最后流至大西洋。河流转向造成的巨大河弯，形成土质柔软的平原，赢得法兰西花园之美名，河畔错落地分布着文艺复兴时代的古堡，并且此地盛产美酒和奶酪。

公元8世纪时，阿拉伯后裔的萨拉森人（Saracens）在波瓦提耶（Poitiers）被逐退；萨拉森人在西班牙南部已居住好几世纪，并逐渐北移进入法国。他们被逐出法国时，不只留下了山羊，还留下了如何用山羊奶制奶酪的方法。卢瓦尔河从而开创法国人制作山羊奶酪的历史，迄今仍是最重要的产区。两岸的村庄制造不同大小和形状的山羊奶酪。这些奶酪风味细腻，各有千秋，其中有6种是AOC奶酪：这一地区东部，有形状如鼓的夏威纽柯尔丹（见106页）；西部有杜兰圣穆耳（见108页），形状如粗棍子，并覆盖着炭灰；在中央地带北边，有同样包覆着炭灰的塞勒须雪（见110页）；在南边，有形如小型黑色金字塔的华朗塞（见84页），这奶酪1998年获颁AOC；西边有如同细长金字塔的布里尼圣皮耶（见107页）；西南边则有普瓦图夏比殊（见105页）。

卢瓦尔河的山羊奶酪很适合搭配白葡萄酒，比如松塞尔。

山羊奶酪制造法

根据法国传统，山羊奶酪应在3月的复活节至11月的万圣节之间食用。山羊乳通常是用乳发酵法来促成凝结。先混合发酵剂和羊乳，静置一夜后，乳会发酸，接着加热至18℃～20℃，然后调入极少量的凝乳素，再置放一天。凝乳不切、不加热、不搅拌也不压榨；把凝乳舀进模具时，乳清立刻从模具侧边和底部的细孔漏出，完成沥干步骤。奶酪在温度11℃、湿度80％，凉爽且通风良好的室内干燥熟成，这步骤称为干熟成（caffih éàsec）。比起一般藏酪窖90％至100％的湿度，这一熟成室干燥多了。外皮或内芯的干燥程序皆需注意平衡，否则外皮会皱，而遗留在内芯的乳清将无法去除。虽然外皮会自然出现青霉，但覆上一层橡木屑和煤灰，更可促进青霉生长。

有细孔的模具

用来制造华朗塞（左）和塞勒须雪（右）的模具，因为上面打了孔，乳清可迅速排出。

覆盖煤灰

在奶酪外皮抹上灰，可以促进青霉生长。

普瓦图夏比殊(AOC)

CHABICHOU DU POITOU（AOC）

普瓦图是法国最重要的山羊蓄养区，故出产许多山羊奶酪。此奶酪细致、略甜，带一丝咸味和酸味。有农庄、合作社和工厂3种制品。

AOC颁布于1990年。

带有白、黄或蓝色霉的薄薄外皮

质地均匀柔软的内芯成熟后会变得硬且脆；
未煮，未经压榨

底部直径6厘米，顶部直径5厘米，高6厘米
100～150克
每个奶酪至少40克
至少45%
全年；春季至秋季（农庄奶酪）
全脂乳
松塞尔，普依芙美

普瓦图—夏朗德
（夏朗德，德塞夫勒，维埃尔）

夏比殊／夏比斯

CHABICHOU / CHABIS

这种农庄、工匠和工厂制造种类兼具的奶酪，熟成期为10～20天。图中的夏比殊奶酪全部购于并摄影于这种奶酪于1990年获AOC认证前。尺寸大小和形状都不大一样，十分有趣。

普瓦图—夏朗德
（夏朗德）

夏比殊

夏比殊

夏比殊

农庄夏比殊

底部直径6.5厘米，顶部直径5厘米 高5～7厘米
120克
每个奶酪至少40克
至少45%
全年：春季至秋季（农庄奶酪）
全脂生乳
松塞尔，蒙内都沙隆

夏威纽柯霍丹(AOC)

CROTTIN DE CHAVIGNOL（AOC）

这种奶酪又名夏威纽，表面应该又硬又黑且坑坑洼洼。

白色的新鲜柯霍丹重约140克，那时的外观仍然很不像真正的夏威纽柯霍丹。2星期之后，重量减为110克左右，外皮开始呈现隐约的蓝色，内芯也变得光滑。奶酪带有咸味，酸、甜均衡适中，山羊乳的气味使其味道更突出。奶酪熟成至这阶段，已可食用。5星期后，奶酪变干、缩小，气味强烈，内芯质地如肉类，风味浓重，这是成熟的柯霍丹。4个月后，重量仅存40克，外皮粗硬，应予削除。

这种奶酪有农庄、工匠和工厂3种制造方法，年产量约1600万个。必须在AOC指定的地区熟成，从生产日起至少熟成10天，不过通常历时2～4星期。熟成场所应低温且通风良好。

在温热的柯霍丹奶酪下铺生菜，淋上葡萄酒醋之后，它就成为一道美味的开胃前菜。

熟成两星期

熟成4个月

熟成1个月

- 直径4～5厘米，高3～4厘米
- 60～110克
- 每个奶酪至少37克
- 至少45%
- 全年；春至秋季（农庄奶酪）
- 全脂，可添加冷冻的凝乳
- 夏威纽松塞尔

AOC规定：夏威纽柯霍丹

1. 必须主要用乳酸使乳凝结，可加少许凝乳素。
2. 必须预先沥好凝乳。
3. 用冷冻凝乳制造的奶酪，不得冠上“农庄制造”（fabrication fermière）或“农庄奶酪”（fromage fermier）字样。

AOC颁布于1976年

勃艮第（涅夫勒），卢瓦尔河谷，中央区（歇尔，卢瓦雷）

布里尼圣皮耶(AOC)

POULIGNY-SAINT-PIERRE(AOC)

这种奶酪呈圆锥状，故有“金字塔”或“埃菲尔铁塔”的昵称，图示的奶酪已熟成4星期，已经可食。外皮干燥，带有优质天然青霉。内芯则出乎意料地白，质地细致、湿润、柔软易碎。闻起来带有山羊乳味和禾草味。奶酪入口，一股浓浓的酸味立刻弥漫口腔，接下来感觉到咸味和甜味。最后，一种较柔和的酸味慢慢消失，留下一丝余味。再经过六七天后，外皮看来更美、更复杂：色泽较重，外皮变得坑坑洼洼，霉也扩散开来。

此奶酪根据制造法分类有农庄和工厂两种，自生产日算起，熟成期至少2星期，但通常会熟成4～5星期。有两种品牌标签：绿色是农庄布里尼，红色则为制酪厂制造的工厂布里尼奶酪。

- 方形底部边长6.5厘米，高 8～9厘米
- 250克
- 每个奶酪至少90克
- 至少45%
- 全年；春季至秋季（农庄奶酪）
- 全脂
- 荷依，松塞尔

AOC规定：布里尼圣皮耶

1. 必须主要用乳酸使乳凝结，可加少许凝乳素。
2. 用冷冻凝乳制造的奶酪，不得冠上“农庄制造”（Fabrication fermiere）或“农庄奶酪”（Fromage fermier）字样。

杜兰圣穆耳 （AOC）

SAINTE – MAURE DE TOURAINE (AOC)

这种奶酪的制造忠于古法（见78页），山羊乳加热至18℃～20℃后，使之凝结24小时，舀至长形模具里，沥干过程在同时间展开。接着把奶酪取出模具，插进一根长稻草，如此可保持这种质地脆弱的奶酪不致溃散，并可促使其内部通风。然后把混合了盐的炭灰抹在奶酪表面，置放板架上，使多余水分完全沥干。

这种奶酪按制造方式有农庄、合作社和工匠3种，自添加凝乳素后算起，熟成期至少10天（通常2～4星期），必须在AOC标明的地区进行。奶酪置于温度10℃～15℃、湿度90%，通风良好且凉爽的藏酪窖中，每天都必须翻面。到第10天，奶酪外皮呈淡黄色，没有霉；内芯则仍柔软，闻来有酸气。到了第3星期，看来颇干的外皮上长出了青霉；内芯也有变化，质地从湿润变成干、光滑且扎实。五六个星期后，奶酪的表面干燥且皱缩，霉为灰青色，内芯质地细致、光滑且结实。这一奶酪风味成熟、均衡、圆润，带有咸味、酸味和一股核桃香。

风干24小时

内芯呈白色或象牙色，质地细腻；未煮，未经压榨

熟成3星期

有天然霉的外皮，有时覆盖着炭灰

熟成6星期

像一截长木杆

中央区（安德尔—卢瓦尔，卢瓦尔—歇尔）；普瓦图—夏朗德（维埃纳）

- 一端直径3～4厘米，另一端直径4～5厘米，长14～16厘米
- 250克
- 每个奶酪至少100克
- 至少45%，每个奶酪至少45克
- 全年；春季至秋季（农庄奶酪）
- 禁用冷冻凝乳
- 希浓
- 梧雷

AOC规定：杜兰圣穆耳

1. 必须主要用乳酸使乳凝结，可加少许凝乳素。
2. 尚未沥干的新鲜凝乳（见104页）必须用勺子或配凝乳器舀出。
3. 必须使其自然沥干。

AOC颁布于1990年

卢瓦尔河山羊奶酪是由在卢瓦尔河流域肥沃地带放牧的山羊羊乳制作的 ▶

塞勒须雪（AOC）

SELLES－SUR－CHER（AOC）

这种美味的山羊奶酪食后余味无穷，香味流连不去。当地人连外皮一起吃，他们培养出奶酪皮上的霉，认为霉中才有奶酪的真滋味。每一个奶酪大约需用1.3升羊乳，图示的奶酪为莫侯（Moreau）家族所制，他们经营着一家名叫“美景山羊畜牧场”（l'Elevage Caprin de Bellevue）的牧场。

在熟成4星期后，奶酪表面凹凸不平，外皮很干，包覆着灰蓝色的霉，底下有一层木炭粉。内芯显现货真价实的山羊奶酪特性，起先尝起来有点硬，随着奶酪在口中混杂融化而变得湿润、浓重，口感如陶土一般。味道酸中带咸，同时有些甘甜。奶酪并留有山羊乳的芳香气味和幽暗窖房的霉味。

这种奶酪依制造法有农庄、合作社和工厂3种，熟成在AOC指明的地区内进行，至少需10天，通常历时3星期。

柔软的内芯；未煮，未经压榨

外皮有天然霉，覆盖着混合了盐的炭灰

熟成4星期

中央区（歇尔，安德尔，卢瓦尔—歇尔）

- 底部直径8厘米，顶端直径7厘米，高2～3厘米
- 新鲜时至少200克，否则为150克
- 至少45％
- 每个奶酪至少55克
- 全年；春季至秋季（农庄奶酪）
- 全脂乳
- 松塞尔，普依芙美

AOC规定：塞勒须雪

1. 必须主要用乳酸使乳凝结，可加少许凝乳素。
2. 凝乳必须以勺子舀出。

AOC颁布于1975年

华朗塞(AOC)

VALENCAY（AOC）

贝里（Berry）地区长久以来一直是知名奶酪的产地，出名的奶酪有夏威纽柯霍丹（见106页）、塞勒须雪（见110页）和布里尼圣皮耶（见107页）。

据说华朗塞奶酪原本形状和金字塔一模一样，拿破仑出兵埃及却无功而返，经过华朗塞城堡时看到这种奶酪，便联想起埃及的金字塔，一气之下，就取剑削去奶酪顶端。

制作华朗塞奶酪时，把沥干的凝乳铺在模具里，接着移出模具，抹上一层加了盐的炭灰，然后在湿度80%、通风良好的室内熟成。此奶酪有农庄、工匠和工厂3种，熟成期为3星期，届时表面将覆盖上一层天然霉。

AOC颁布于1998年。

熟成约3星期

柔软、结实、湿润的内芯；未煮，未经压榨

外皮有天然霉，覆盖着加盐炭灰

- 方形底部边长6～7厘米，方形顶部边长3.5～4厘米，高6～7厘米
- 200～250克
- 至少45%
- 每个奶酪至少90克
- 春季至秋季
- 全脂生乳
- 根希，荷依，松塞尔

中央区（安德尔）

据说华朗塞城堡就是当时拿破仑削去奶酪顶端的地方。

柯恩山羊奶酪 Chèvre de Coin

昂贝／昂贝柯霍丹

AMBERT / CROTTIN D'AMBERT

山羊奶酪在奥弗涅相当少见，这种奶酪产于昂贝近郊的圣吉斯特（Saint-Just）村，该地海拔840米。它是农庄奶酪，熟成期10天。

直径6厘米，高3～3.5厘米
130克
未标明
4～11月
生乳
弗瑞丘，薄酒莱新酒

维比环形奶酪

ANNEAU DU VIC – BILH

这种农庄奶酪看来如手制品，而且酸咸均衡、恰到好处。制造这种奶酪的业者表示："咱们南方人喜欢比较幼嫩的奶酪。"其熟成期至少10天。

直径10厘米，洞口直径3厘米，高2厘米
200～250克
45%
春季至秋季
生乳
巴歇汉克

亚贝侯比克

APEROBIC

bic 的字源为 bicot，意指小山羊。这种娇小的农庄奶酪，春夏用山羊乳制作，秋季混用山羊乳和牛乳，冬季只用牛乳。风味温和，带有怡人的独特霉味。虽可能是世上最小型的奶酪，仍需细心照料，熟成 15 天。

底部直径1．5厘米，高2厘米
3克
未标明
全年
全脂生乳（春季至秋季）
全脂生乳（秋季至冬季）
勃艮第阿里哥蝶

欧坦 AUTUN

这种农庄奶酪质地细致，风味浓郁、细腻且圆润，略带一丝酸味。熟成至少 3 星期。

直径5～6厘米，高8厘米
270～300克
至少45%
春季至秋季
生乳
生乳
梅克雷（Mercurey），胡利（Rully）

薄酒莱纯山羊奶酪（小型）

BEAUJOLAIS PUR CHEVRE（PETIT）

这种工匠奶酪产自薄酒莱地区的圣乔治德禾南（Saint-Georges-de-Reneins）村，通常需熟成 4～5 星期，直到内芯变硬为止。图示的奶酪已由里昂一家奶酪专卖店熟成 6 星期，已完全成熟，略带酸味。

直径5厘米，高2厘米
45克
45%
4～10月
未标明
鲜嫩且含果香的薄酒莱

贝萨斯纯山羊奶酪

BESACE DE PUR CHEVRE

这种农庄奶酪产自萨瓦地区，土尼耶山（Mont Tournier）山脚海拔为 876 米的一家小农场，制造者是一位女士。她用手替奶酪塑形，用布逐个包裹奶酪挤压。这奶酪在熟成 2 星期后，风味最佳。

直径8厘米，高4厘米
170克，新鲜奶酪重260克
45%
春季至秋季
生乳
克雷皮，塞榭

比高同
BIGOTON

这是一种农庄奶酪，产于奥良奈地区（Orléanais）一家名叫“奥东牧羊场”（La Chèvrerie d'Authon）的农庄。风味清淡朴实，熟成期至少 15 天。

柔软的内芯；未煮，未经压榨

外皮有天然霉

宽5～6厘米，长12～13厘米，高4厘米
130～150克
45%
春季至秋季
生乳
鲜嫩且含果香的范东摩瓦丘

中央区（卢瓦尔—歇尔）

侏罗比卢（小型）
BILOU DU JURA（LE PETIT）

这种山羊奶酪产自弗朗什—孔泰地区，一般而言，山羊奶酪在该区产量十分稀少。这种奶酪用上等乳制作，和卢瓦尔河的山羊奶酪水准不相上下。熟成期至少需要 10 天。

柔软的内芯；未煮，未经压榨

外皮有天然霉

直径6～7厘米，高3厘米
100～150克
45%
春季至秋季
生乳
侏罗丘

弗朗什—孔泰（汝拉）

加汀木塞
BONDE DE GATINE

这种上等农庄奶酪由“法涅农业开发协会”（GAEC de la Fragnee）制造，产地为普瓦图的加汀沼泽地。熟成通常需 4 ～ 10 星期，不过熟成 6 星期后，差不多即可食用。内芯酸味和咸味显著，入口即融，淡淡余香在齿颊间荡漾。

柔软的白色内芯；未煮，未经压榨

外皮有天然霉

直径5～6厘米，高5～6厘米
140～160克
45%
春季至秋季
生乳
上普瓦图

普瓦图—夏朗德（德塞夫勒）

勒布卡
LE BOUCA

在当地方言中，bouc 意指雄山羊，这种农庄奶酪散发浓浓的羊乳香，酸味和咸味达成完美的平衡。图中奶酪内芯的切面看起来很漂亮，而且显示出恰到好处的结实度。熟成期至少 10 天。

⊖	宽5～6厘米，直径7厘米，高4厘米
⚖	130～150克
🝖	45%
✓	春季至秋季
🐐	生乳
🍷	杜兰

中央区
（安德尔－卢瓦尔）

布孔
BOUGON

这种奶酪由一个合作社以生乳制成，外观像卡蒙贝尔，外层包装为薄木皮盒。标签上说明必须存放在 8℃以下，食用前一小时取出置于室温。内芯结实，外皮和内芯的味道相同，熟成期为 2～3 星期。

熟成10天

⊖	直径10厘米，高2.5厘米
⚖	180克
🝖	50%
✓	全年
🐐	生乳，外销品用高温杀菌乳
🐄	生乳，外销品用高温杀菌乳
🍷	上普瓦图

普瓦图—夏朗德
（德塞夫勒）

居楼特布同
BOUTON DE CULOTTE

本地居民每逢秋季采收葡萄时，便食用这些小型的奶酪。其原料乳是山羊乳和牛乳皆有，有时混用两种乳；依制造法有农庄和工匠 2 种。熟成 2 星期后，外皮出现青霉；熟成 1 个月后，内芯变成黄色，入口在舌上有刺刺的感觉。

由左至右，分别为熟成10天、2星期及1个月

⊖	直径3～4厘米，高3～4厘米
⚖	20～40克
🝖	50%
✓	全年
🐐	生乳
🍷	勃艮第阿里哥蝶

勃艮第
（索恩—卢瓦尔）

欧克布同

BOUTON D'OC

这些外观特殊、形如梨子的农庄奶酪，以一打为单位出售，和开胃酒十分搭配。内芯质地非常细致，风味怡人。由于体积小，很快即可成熟，熟成期为10天。

底部直径3厘米，顶端直径1厘米，高3.5厘米
15克
45%
春季至秋季
生乳
加雅克珍品或气泡酒

中比利牛斯（塔尔纳）

布勒桑

BRESSAN

这种农庄奶酪以山羊乳制造，但视季节和制造者不同，也可添加牛乳。图中奶酪已熟成1星期，酸甜均衡，熟成愈久则味道愈重。在布雷斯（Bresse）地区，这种奶酪通常配上果酱当早餐吃。需熟成至少1星期。

底部直径5厘米，顶部直径4厘米，高4厘米
100克
45%
春季至秋季
生乳
生乳
布杰，塞樹，萨瓦胡榭特

罗讷河—阿尔卑斯（安），勃艮第（索恩—卢瓦尔）

熟成1星期

阿德雪瓦兹砖块

BRIQUE ARDECHOISE

结合了匠师手艺、上等原料乳以及细心呵护的熟成功夫，成果便是图中这种高雅的奶酪。它属于农庄奶酪，熟成3～4星期，味略辛辣，和重口味的白酒很搭配。

宽4～5厘米，长11～12厘米，高3厘米
150克
未标明
春季至秋季
生乳
艾米达吉，圣乔瑟夫，圣佩雷

罗讷河—阿尔卑斯（阿尔代什）

熟成4星期

弗瑞砖块

BRIQUE DE FOREZ

图中奶酪是用山羊乳和牛乳混制而成，由于闻起来和尝起来皆无山羊乳味，使用牛乳的比例或许较高。按制造法有农庄和工匠两种，熟成 2 ~ 3 星期。

宽5～6厘米，长13厘米，高3.5厘米
350～400克
40%～45%
全年；纯山羊奶酪为春季至秋季
全脂生乳
全脂生乳
薄酒莱，侯内斯丘

奥弗涅（多姆山）：罗讷河—阿尔卑斯（卢瓦尔）

库邦小砖块

BRIQUETTE DE COUBON

这种农庄奶酪来自奥弗涅地区的维雷（Velay），外观酷似小砖块，故而得 briquette（砖块）之名。目前全法各地皆有不同种类的乳制造的小砖块奶酪，本文所述的这种是以牛乳制成。熟成期至少 8 天。

宽5厘米，长12厘米，高3厘米
240克
未标明
全年
生乳
圣普桑

奥弗涅（上卢瓦尔）

安茹木柴

BUCHETTE D'ANJOU

这种来自安茹（Anjou）的工匠奶酪，以圣穆耳奶酪（见 108 页）为范本，最早制造于第二次世界大战后。它是种几近新鲜的新制奶酪，有淡淡的牛奶香，略带酸味。外皮覆盖着木炭粉，可连皮一起吃，但吃皮较可口。熟成期为 2 星期。

直径3–4厘米，长9厘米
85–100克
45%
春季至秋季
生乳
梭密尔，安茹村庄

卢瓦尔河地区（曼恩—卢瓦尔省）

巴侬木柴

BUCHETTE DE BANON

这种新鲜农庄奶酪的淡淡酸味和风轮菜的芳香结合，使得奶酪带有普罗旺斯典型的滋味和气息。这种奶酪适合在温暖夏日里躲在树荫下享用，最好在餐前而非餐后食用。巴侬可趁新鲜吃，也可在熟成最多1星期后食用。

尺寸	直径3厘米，长14厘米
重量	120克
脂肪	45%
季节	春季至秋季
乳	生乳
酒	艾克斯丘玫瑰红

普罗旺斯—阿尔卑斯—蔚蓝海岸（阿尔卑斯—上普罗旺斯）

卡布里立辛

CAPRI LEZEEN

卡布里立辛农业开发协会生产的这种农庄奶酪，每个都用栗叶包裹，再装进薄木皮盒。黏黏的浅金黄色外皮有很淡的青霉；独特的风味来自如奶脂般浓稠软滑的内芯。必须在100%的湿度中熟成8～15天，以山羊奶酪而言，湿度算相当高的。

尺寸	直径8～9厘米，高1.5厘米
重量	120克
脂肪	50%
季节	全年
乳	生乳
酒	上普瓦图

普瓦图—夏朗德（德塞夫勒）

加亚甲虫

CAPRICORNE DE JARJAT

葛里巴第（R.Gribaldi）制造的这一农庄奶酪和皮科东奶酪（见206页）同种。外皮霉的味道颇重，而且在口中有刺刺的感觉，很适合搭配葡萄酒。在90%的湿度中熟成3～4个月；这种奶酪亦可趁新鲜食用。

尺寸	直径10厘米，高3.5厘米
重量	250克
脂肪	45%
季节	全年
乳	生乳
酒	圣佩雷，克罗兹—艾米达吉

罗讷河—阿尔卑斯（阿尔代什）

勒卡德兰

LE CATHELAIN

在萨瓦的古老方言中，卡德兰（cathelain）意指山羊。图中的奶酪仍是生的，内芯滑顺，微酸，入口即融。这一农庄奶酪熟成期为15天。

⊖	直径7厘米，高4厘米
⚖	170克
🄳	45%
✓	4～12月
🐐	生乳
🍷	克雷皮

罗讷河—阿尔卑斯（萨瓦）

夏侯雷／夏侯勒

CHAROLAIS／CHARO11ES

这种农庄或工匠奶酪产自勃艮第的夏侯雷花岗岩平原。奶酪把原料乳的风味发挥得淋漓尽致，香气中含带的咸、酸、甜各味，入口即散发开来。外皮霉的色泽和质地皆怡人，后味无穷。熟成历时2～6星期。

⊖	直径5～6厘米，高7～8厘米
⚖	200克
🄳	45%
✓	春季至秋季
🐐	生乳
🐄	生乳
🍷	梅克雷，胡利，蒙塔尼

勃艮第（萨瓦—卢瓦尔）

布同尼大厨

CHEF－BOUTONNE

爱吃素淡、味道不重的偏生奶酪者，应该会欣赏这种奶酪。杰夫布同尼除了平顶金字塔形外，还有圆形和方形。这奶酪依制做法可分为农庄和合作社2种，熟成期为2星期。

⬡	方形底部边长7～8厘米，顶部边长4厘米，高6～7厘米
⚖	250克
🄳	45%
✓	春季至秋季
🐐	生乳
🍷	上普瓦图

普瓦图—夏朗德（德塞夫勒）

农庄山羊奶酪

CHEVRE FERMIER

这种农庄奶酪产于洛林行政区勒提悠城（Le Thillot）附近的马夏勒（Marchal）农场。图示的奶酪仍有点湿润，带着蓝色和褐色的霉，外皮正开始要变干。咸、酸味均衡，颇为可口。熟成期为2~4星期。

直径6厘米，高3-4厘米
100-130克
45%
春季至秋季末
生乳
都勒丘灰酒（玫瑰红酒）

阿尔庇勒农庄山羊奶酪

CHEVRE FERMIER ALPILLES

这种新制的农庄奶酪产于普罗旺斯，由阿尔庇勒山脉（Alpilles）山脚下的一家农场制造，味道细腻但浓厚，愈陈愈美味。熟成期至少10天。

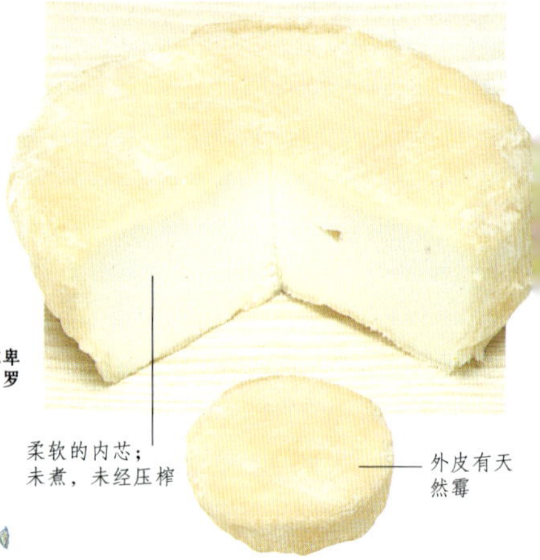

直径6厘米，高2厘米
60克
45%
整个夏季
生乳
伯雷，普罗旺斯丘

绿堡农庄山羊奶酪

CHEVRE FERMIER DU CHATEAU – VERT

这种农庄奶酪来自普罗旺斯冯度山（Mont Ventoux）的山坡，外皮包裹着炭粉，还有一层灰白色的霉；内芯柔滑，微酸，带甜味。熟成至少2星期。

直径6厘米，高2厘米
70克
45%
春季至秋季
生乳
冯度丘，白酒和玫瑰红皆可

席夫黑

CIVRAY

这种柔软的农庄山羊奶酪，产自威也尼省（Vienne）席夫黑城（Civray）附近的平原，和夏比殊（见105页）是同种类的奶酪。天然霉使其风味怡人，内芯细致，有明显的酸味和一丝甜味。熟成至少2星期。

- 底部直径5～6厘米，顶部直径5厘米，高5厘米
- 110～150克
- 45%
- 春季至秋季
- 生乳
- 上普瓦图

克拉克毕杜

CLACBITOU

这种近来才开发的农庄奶酪，酷似夏侯雷奶酪（见119页），同样也来自勃艮第的夏侯雷地区，趁奶酪尚未成熟时品尝，味道最棒。熟成期为2～3星期。

- 直径5厘米，高7～8厘米
- 150克
- 45%
- 春季至秋季
- 生乳
- 布哲宏的勃艮第阿里哥蝶

克劳歇特

CLOCHETTE

这种农庄奶酪散发着霉香和熟成窖的气息，气味怡人。熟成期至少2星期。

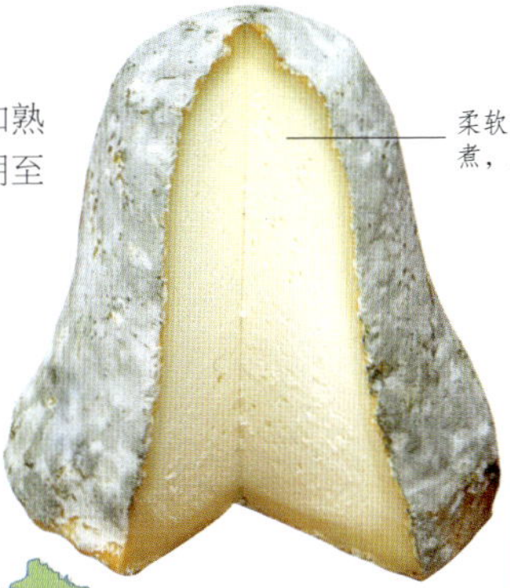

- 底部直径8～9厘米，高9厘米
- 250克
- 45%
- 春季至秋季
- 生乳
- 上普瓦图

贝里之心
COEUR DU BERRY

这种工匠奶酪和塞勒须雪奶酪（见110页）属于同一种类，不过它是心形的。熟成至少2星期，外皮上包覆着炭粉。

- 宽9～10厘米，长10厘米，高3厘米
- 150克
- 45%
- ✓ 春季至秋季
- 生乳
- 根希，荷依

中央区（安德尔）

勒高尼里
LE CORNILLY

图中3个工匠奶酪来自贝里地区，显现3种不同的熟成状态。这种奶酪的熟成期通常是3～4星期，不过有时完全不加以熟成。这几个奶酪闻起来没有多少气味，尝来有坚果味。

- 底部直径5～8厘米，顶部直径5厘米，高7～9厘米
- 150～250克
- 45%
- ✓ 全年
- 生乳
- 根希，荷依

中央区（安德尔）

谷许维哈克
COUHE－VERAC

这种奶酪有农庄和工匠两种，外层包裹树叶，叶子的味道和奶酪的霉味融合在一起。熟成期为3～4星期。

- 正方形边长9厘米，高3厘米
- 250～280克
- 45%
- ✓ 春季至秋季
- 生乳
- 上普瓦图

普瓦图—夏朗德（维埃纳）

地区柯霍丹

CROTTIN DE PAYS

这种带甜味的柔软农庄奶酪由高山山羊乳制造，产自朗格多克的阿尔碧乔瓦地区（Albigeois）。奶酪完全是有机制作，牧草地并未施用化学肥料。熟成期大约2星期。

⊖	直径5厘米，高3厘米
⚖	50～60克
☐	45%
✓	全年，1月除外；春季至秋季最佳
🐐	生乳
🍷	加雅克

中比利牛斯（塔尔纳）

无花果

FIGUE

这种工匠奶酪在2星期的熟成期间，曾以布巾包裹挤压并使之成型，大小有如成人的拳头，很容易破碎，有时外层尚抹以炭粉。制造法和贝萨斯纯山羊奶酪（见113页）相似。

◇	底部直径7～8厘米，高5厘米
⚖	160～200克
☐	45%
✓	全年
🐐	生乳
🍷	不甜型贝杰哈克

阿基坦（多尔多涅）

阿德什圆柱形山羊奶酪

FOURME DE CHEVRE ARDECHE

这种略带酸味的农庄奶酪需熟成6星期。

熟成1个月

直径9～10厘米，高15厘米	
1千克	
45%	
春季至秋季	
生乳	
圣佩雷	

罗讷河—阿尔卑斯（阿尔代什）

阿希耶吉山羊奶酪

FROMAGE DE CHEVRE ARIEGE

这种农庄奶酪的酸度和甜度均显著，是在中比利牛斯小城富瓦（Foix）附近的山边农场产制。至少需熟成10天。

直径10厘米，高3厘米	
250克	
40%	
春季至秋季	
生乳	
里慕，不甜型梧雷	

中比利牛斯（阿里埃日）

柯恩山羊奶酪

FROMAGE DE CHEVRE DE COIN

格雷纳（Glenat）小村的村民以前制作这种农庄山羊奶酪，主要供自家食用。后来开始以村名为名，逐渐在市场上出售而开始商品化，不过仍保持家常手工制品的朴拙外观。熟成期至少10天。

直径6厘米，高2厘米	
50克	
45%	
春季至秋季	
生乳	
圣普桑	

奥弗涅（康塔勒）

比利牛斯中部地区的古老小镇富瓦 ▶

农庄山羊奶酪（1）

FROMAGE DE CHEVRE FERMIER（1）

图中的农庄奶酪在比利牛斯山区席耶高（Cierp-Gaud）的一处农庄制造，农庄位于一条名叫岩顶的狭隘山径末端。奶酪小但制作精良，嗅起来有山羊味。熟成4天后即可食用。

⊖	直径5～6厘米，高3厘米
⚖	100克；200克（新鲜的奶酪）
	45%
✓	2～11月
	生乳
	里慕，不甜型梧雷

农庄山羊奶酪（2）

FROMAGE DE CHEVRE FERMIER（2）

这种刚刚成熟、酸味怡人的农庄奶酪，反映出原料乳的优良品质。奶酪制于嘉斯科涅（Gascogne）的玛西亚克镇（Marciac），当地居民通常用胡椒粉调味，作为早餐。可趁新鲜食用，或可熟成最多2星期。

⊖	直径6厘米，高3～4厘米
⚖	120克
	45%
✓	春季至秋季
	生乳
	加雅克

拉萨克山羊奶酪

FROMAGE DE CHEVRE LARZAC

即使熟成1星期后，这种农庄奶酪仍十分新鲜。闻起来有上等乳的甜香，产自侯格堡通称拉萨克石灰岩高原的区域；侯格堡是绵羊奶酪的传统产区。熟成需至少1星期。

⊖	直径5～6厘米，高2厘米
⚖	50～60克
	45%
✓	春季至秋季
	生乳
	朗格铎丘

农庄奶酪
FROMAGE FERMIER

这种略带香辛味的农庄奶酪，产于洛林行政区佛日山区的佛洛尼谷仓（Granges-sur-Vologne）小村。图示的奶酪已熟成 4 星期，变得干且硬，外覆白色、褐色和淡蓝色的霉。熟成期至少 10 天。

直径5～6厘米，高2.5～3厘米
70克
未标明
春季至秋季末
生乳
都勒丘灰酒（玫瑰红）

洛林（佛日）

贾斯奶酪
FROMAGE DU JAS

这种农庄奶酪制造于佛克吕斯（Vaucluse）地区侯克胥贝尼（La Roque-sur-Pernes）一个名为贾斯庄园（Domaine Le Jas）的农场。根据普罗旺斯的古老方言，贾斯意指羊栏。这种奶酪有温和的甜味和酸味。熟成期为 3 星期。

直径6厘米，高2厘米
60克
45%
全年，特别是春季至秋季
生乳
普罗旺斯丘

普罗旺斯—阿尔卑斯—蔚蓝海岸（沃克品兹）

山羊奶奶酪／地区山羊奶酪
FROMAGE AU LAIT DE CHEVRE ／ CHEVRE DE PAYS

以编织蕾丝花边和制鞋为主业的圣尚德夏德宜(Saint-Jean-de-Chapteuil) 村，人口仅1700 人。当地农民贾尼耶（J-A.Garnier）在新城庄园（Doamine de VilleneuveJ）制造这种鼓形奶酪。熟成期至少 15 天。

直径5厘米，高4厘米
101～120克
未标明
4～10月
生乳
圣普桑

奥弗涅（上卢瓦尔）

毕果尔卵石

GALET DE BIGORRE

这种农庄奶酪巧妙结合各种滋味：先是咸味，然后感觉到酸味，最后甜味在口中散开。当地一位制酪人说，这种奶酪宜趁尚未成熟时享用，并建议配上熟透的杏一起吃。熟成期为 2 星期。

底部直径9厘米，顶部直径8厘米，高3～4厘米
200～220克
45%
春季至秋季
生乳
居宏颂甜酒

中比利牛斯（上比利牛斯）

索罗纽卵石

GALET SOLOGNOT

这种农庄奶酪嗅起来霉味颇浓，口味甜酸均衡。它的霉长得很好，影响到内芯的气味与滋味。如果霉长得不好，就算把外皮削掉，也无法令人胃口大开，并且会使奶酪产生讨厌的后味。熟成期为 2 星期。

底部直径7厘米，顶部直径6厘米，高3厘米
120克
45%
春季至秋季
生乳
荷依

中央区（卢瓦雷）

艾阳大鸽舍

GRAND COLOMBIER DES AILLONS

这种农庄奶酪产于萨瓦的伯吉高原（Massif des Baugs）山区，通常用山羊乳或山羊乳混合牛乳制造。熟成愈久味道愈浓，熟成期至少 4 星期。

直径20厘米，高3厘米
800~900克
45%
春季至秋季
生乳
生乳
萨瓦

罗讷河—阿尔卑斯（萨瓦）

里昂金山

MONT D'OR DU LYONNAIS

这种小型的农庄或工匠山羊奶酪来自里昂，其特征为在很潮湿的环境中熟成 2～4 星期后，会出现蓝霉和偏红色的外皮。这种奶酪味道颇咸，并不酸。

直径10厘米，高1~1.5厘米
120~140克
45%
春季至秋季
生乳
生乳
薄酒莱，马贡

罗讷河—阿尔卑斯（罗讷河）

里昂山烘饼

GALETTE DES MONTS DU LYONNAIS

这种工匠奶酪滋味柔和，不大像奶酪，反倒像牛乳。内芯实在太软，必须用汤匙舀取食用，而且奶酪不连同其薄木皮外包装则不易运送。只有里昂山的一名农夫制造这种奶酪。熟成期为 2～3 星期。

直径10厘米，高1.5厘米
100~140克
45%
全年
生乳
里昂丘

罗讷河—阿尔卑斯（罗讷河）

马贡内

MACONNAIS

这种农庄或工匠奶酪，又称马贡山羊奶酪（Chevreton de Macon），纯由山羊乳或牛乳制成，或混用两种乳，视季节和制造者而定。图示的奶酪已够硬，可以拿来制造含酒精奶酪（见 140 页）。质地紧密的内芯，隐约有春天药草的香味。熟成至少 2 星期。

直径4~5厘米，高3~4厘米
50~60克
45%
全年
生乳
生乳
勃艮第阿单哥蝶

勃艮第（索恩—卢瓦尔）

布雷沙瓦方块

PAVE BLESOIS

这种工匠奶酪有正方形和长方形两种，产地为卢瓦尔河伯拉瓦城(Blois)附近的布雷沙瓦地区(Blesois)。外皮表面颇干，带有银蓝色的霉。切割后，内芯干净清爽，质地细致，入口在舌头上有刺刺的感觉。熟成2～4星期。

外皮有天然霉和炭粉

银蓝色霉

柔软的内芯；未煮，未经压榨

尺寸	边长8厘米，高3~4厘米
尺寸	长11~12厘米，宽6~7厘米，高3.5厘米
重量	（正方形）250克，（长方形）300克
脂肪	45%
季节	春季至秋季
乳	生乳
酒	松塞尔，普依芙美

中央区（卢瓦尔—歇尔）

方块

LE PAVE

虽然有人可能觉得这种农庄奶酪失之过干且过熟，但是它的内芯咬下去口感扎实，有点黏，酸、甜、咸各种味道达到完美的均衡；霉呈美丽的淡蓝色。熟成至少4星期。

柔软的内芯；未煮，未经压榨

外皮有天然霉

尺寸	边长7厘米，高2厘米
重量	110~130克
脂肪	45%
季节	春至秋季
乳	生乳
酒	圣佩雷

罗讷河—阿尔卑斯（阿尔代什）

拉吉内斯塔里方块

PAVE DE LA GINESTARIE

这种有机高山山羊奶酪，来自朗格多克的阿尔碧乔瓦地区。熟成至少 2 星期，不过其农庄式制造方法是不为外人知的秘密。外皮和风味都有禾草的痕迹，禾草会吸收水分，禾草所带的细菌对熟成有所影响。

边长8厘米，高22.5厘米
150~200克
45%
全年，1月除外；春季至秋季最佳
生乳
朗格铎丘，高丽乌尔

中比利牛斯（塔尔纳）

布耳里

POURLY

这种工匠奶酪产于勃艮第欧塞华地区（Auxerrois）的石灰岩高原。对嗜食淡味山羊奶酪者而言，这是最理想的奶酪。熟成期通常 2 ~ 4 星期，不过在熟成期第 5 天，当奶酪仍算得上新鲜时，亦可食用。

底部直径7厘米，顶部直径6厘米，高6~7厘米
250~300克
45%
春季至秋季
生乳
圣比苏维浓

勃艮第（荣纳）

四风

QUATRE － VENTS

这种农庄奶酪制造时不使用化学凝乳素，以免风味受损。奶酪名意指“四风”，因为制造奶酪的农场坐落于山顶，承受四面八方吹来的风。熟成期为 12 ~ 15 天。

直径5~6厘米，高2.5厘米
60克
45%
春季至秋季
生乳
圣佩雷

罗讷河—阿尔卑斯（伊泽尔）

小凯尔西

PETIT QUERCY

这种清淡的农庄山羊奶酪，名称得自其产地凯尔西。外皮上点缀着野桑葚叶，煞是好看。熟成至少 2 星期。

直径7厘米，高2厘米
100克
未标明
春季至秋季
生乳
胡西翁丘

凯尔西

拉马斯特侯杰黑

ROGERET DE LAMASTRE

这种农庄或工匠奶酪在熟成时，会长出红色霉，因而也叫 Fromage de Lamastre Rouge，意为拉马斯特的红奶酪；内芯丰润且细腻。这种奶酪生产于维瓦黑山（Monts du Vivarais）下的拉马斯特城。熟成期为 2 ~ 4 星期。

直径7~8厘米，高2厘米
100~120克
未标明
全年
生乳
圣佩雷

罗讷河—阿尔卑斯（阿尔代什）

拉马斯特圣飞里锡安

SAINT – FELICIEN DE LAMASTRE

这种农庄奶酪因制造时用柔软的凝乳，亦即 caille doux，因此不论外皮、内芯或风味，皆十分柔顺。熟成至少 2 星期。

直径8~10厘米，高1~1.5厘米
90~120克
45%
春季至秋季
生乳
圣佩雷，圣乔瑟夫

罗讷河—阿尔卑斯（阿尔代什）

圣邦克哈斯

SAINT-PANCRACE

这种农庄奶酪所用的原料乳，来自在圣邦克哈斯山坡上放牧的山羊。奶酪开始变干时，外皮出现青霉；内芯扎实、滑顺，入口即融，略有一丝甜味，风味温和。熟成期 2 ~ 4 星期。

⊖	直径11厘米，高2厘米
⚖	200~220克
◫	45%
✓	春季至秋季
🐐	生乳
🍷	恭得里奥，克里叶酒庄

罗讷河—阿尔卑斯（罗讷河）

桑特杭吉

SANTRANGES

卢瓦尔河中游贝里地区的桑塞华区域，有三种农庄奶酪以村庄为名，分别是夏威纽（见 80 页）、克雷让西（Crezancy）和桑特杭吉，其中夏威纽最出名，但桑特杭吉品质亦佳。它的产量不多，风味朴拙浓厚，宜配葡萄酒。熟成期为 4 星期。

⊖	直径6厘米，高3厘米
⚖	120~150克
◫	45%
✓	春季至秋季
🐐	生乳
🍷	松塞尔，普依芙美

中央区（歇尔）

多洛姆山羊干酪

SECHON DE CHEVRE DROMOIS

这种农庄奶酪叫做 sechon，意指小型的干酪。名称来自其产地，位于法国东南部辽阔的多芬地区的多洛姆河（River Drome）。奶酪风味咸中带甜，熟成至少 3 星期。

⊖	直径5厘米，高2厘米
⚖	50克
◫	45%
✓	全年
🐐	生乳
🍷	圣佩雷

罗讷河—阿尔卑斯（多洛姆）

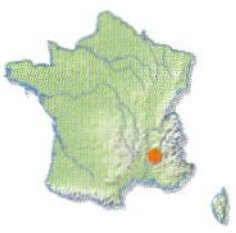

塔杭戴

TARENTAIS

这种农庄奶酪来自萨瓦的塔杭戴斯地区（Tarentaise）。奶酪在熟成 4 星期后，外皮包覆着略呈蓝色的霉；再过 1 星期，长出了红色和蓝色的霉。熟成期自 15 天至 3 个月不等；这种奶酪亦可趁新鲜时食用。

⊖	直径6~7厘米，高7厘米
⚖	250克
◻	45%
✓	春季至秋季
🐐	生乳
🍷	克雷皮

罗讷河—阿尔卑斯（萨瓦）

拉多皮尼耶

LA TAUPINIERE

这种新农庄奶酪和卡贝宏（见 183 页）形状相似，裘松姆（M.Jousseaume）在他位于昂古摩瓦省（Angoumois）圣爱斯台夫（SL.Estephe）的农场上，用高度浓稠的乳细心制成。奶酪在两周熟成期间吸收了藏酪窖中的天然霉菌，发展出良好的风味。

⊖	底部直径9厘米，高5厘米
⚖	220~250克
◻	45%
✓	全年
🐐	生乳
🍷	上普瓦图

布瓦陵—夏朗德（夏朗德）

杜席

TOUCY

这种山羊奶酪产于勃艮第北部的欧塞华地区，味清淡而平易近人。按制造法分为农庄和工匠两种，熟成期至少 10 天。

⊖	底部直径6厘米，顶部直径5厘米，高4~5厘米
⚖	170~200克
◻	45%
✓	春季至秋季
🐐	生乳
🍷	圣比苏维浓

勃艮第（荣纳）

萨瓦省塔伦泰斯地区的山羊 ▶

范东摩瓦

VENDOMOIS

这种农庄山羊奶酪，产于范东城（Vendome）北边的范东摩瓦（Vendomois）地区的农场。虽然从图中奶酪的外皮看来，奶酪已完全成熟，但切割后，内芯显然仍十分鲜嫩，滋味细腻，略带点酸。熟成期至少 10 天。

- 直径6~7厘米，高3厘米
- 90~100克
- 45%
- 春季至秋季
- 生乳
- 范东摩瓦丘

中央区（卢瓦尔·歇尔）

外皮有天然霉，覆着炭粉

柔软的内芯；未煮，未经压榨

橄榄油渍泡贝里柯霍丹

CROTTIN DU BERRY A L'HUILE D'OLIVE

这种普罗旺斯的特产，是把内芯味道温和、质地柔软的小型山羊奶酪，浸渍于橄榄油中而成；橄榄油里用了胡椒、百里香、迷迭香、月桂、杜松子和蒜头调味。通常搭配面包或生菜沙拉和蕃茄。

- 未标明
- 塔维勒玫瑰红，松塞尔玫瑰红

普罗旺斯—阿尔卑斯—蔚蓝海岸

奶酪浸泡在橄榄油和普罗旺斯香草中，吸收了香油里所有味道。

橄榄油风轮菜渍泡山羊奶酪

CHEVRE A L'HUILE D'OLIVE ET A LA SARRIETTE

把鲜嫩的普罗旺斯小型山羊奶酪浸泡在加了杜松子和风轮菜的橄榄油中，即可制出这种地方特产。要挑选没有霉的奶酪，因为霉会使油变色，而且风轮菜必须很干。

- 未标明
- 班朵玫瑰红

普罗旺斯—阿尔卑斯—蔚蓝海岸（阿尔卑斯—上普罗旺斯）

用干风轮菜和杜松子调味的橄榄油。

当今的山羊奶酪

尚—皮耶·莫侯（Jean-Pierre Moreau）是美景（Bellevue）山羊畜牧场的主人，他和妻子以及两名雇工饲养了200头母山羊和8头雄山羊。所有羊只都是纯种的白色沙能种（Saanen，见右上图）和棕色的阿尔卑斯种（Alpine），这两种山羊的品质反映在以其乳制成的奶酪中。莫侯一星期两次亲自把奶酪运送至巴黎。

左右山羊奶酪风味的因素有好几项：山羊种、山羊的饲料、饲养方式、山羊乳的蛋白质成分、含脂量、奶酪形状以及凝乳和沥干的方法等。山羊长至一岁时开始生育，接着每年在1月至3月中旬之间生育一次。每头母羊一次产两三头小羊；过剩的小羊立刻被卖掉，因为它长得愈大，价码愈低。母羊到了两岁，乳量变多，大约可持续产乳5年。200头左右的山羊可产乳约700升，可用以制造12种不同的奶酪。

当今奶酪是用传统方法制造，原料乳皆是母羊在春季分娩之后所产。在户外丰沛牧草地上放牧的山羊所产之新鲜春季羊乳，于4～5月间用来制造春季奶酪。现代山羊奶酪的原科乳，则来自关在羊舍里、喂饲以干草料的山羊。拜人工授精技术和冷冻凝乳所赐，如今即使在冬天亦可制造、出售山羊奶酪，不过这类制品缺乏当今奶酪的风味。

美景牧场的沙能山羊

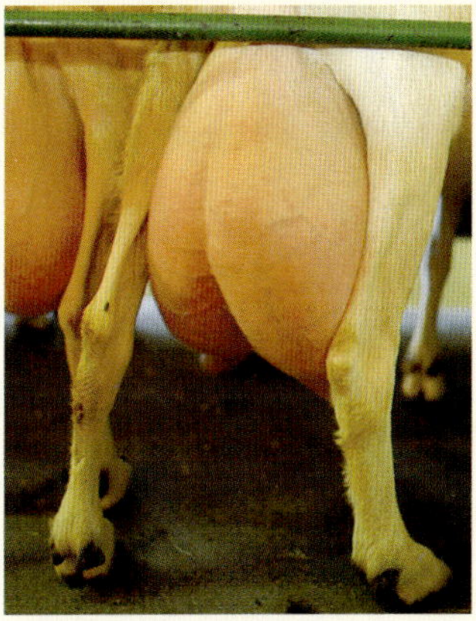

准备挤奶

普罗旺斯的农场生产的美食多种多样，其中就包括橄榄油渍泡贝里柯霍丹山羊奶酪。

博日羊牛奶酪

CHEVRETTE DES BAUGES

在萨瓦山区，混用山羊乳和牛乳制造的奶酪叫羊牛奶酪（chevrette）；用纯山羊乳制造的，则叫做 chevrotin。这一农庄奶酪如今只剩两三家农场还有老师傅在制作，行将式微。上图中的奶酪，是用四分之三的山羊乳和四分之一的牛乳混制而成，拍摄地点为日内瓦湖（Lake Geneva）附近佟农（Thonon）的一家奶酪店。

下图中的奶酪则是用山羊、牛乳各一半制造而成，是在香贝利（Chambery）一家奶酪店里找到的。两个店家皆以出售萨瓦奶酪而闻名，并各以自家手法来熟成奶酪。两位店主都表示，有几种条件会影响羊牛奶酪上头的霉，诸如山羊和牛所吃的饲料、它们在山上什么地方放牧，甚至和它们是在早上或晚上挤奶有关，这说明了这些奶酪为何尝来各有各的风味。熟成期为 1 ~ 3 个月。

用四分之三山羊乳和四分之一牛乳制造的奶酪

用等量山羊乳和牛乳制造的奶酪

直径10~15厘米，高5厘米
500克至1千克
未标明
初春至初冬
生乳
生乳
塞榭

罗讷河—阿尔卑斯（萨瓦，上萨瓦）

莫津谷高山放牧纯山羊奶酪

CHEVROTIN D'ALPAGE, VALLEE DE MORZINE

图示的农庄山羊奶酪，制造于萨瓦省莫津谷的山庄中。表皮湿润，仍看得出熟成期间用来包裹奶酪的布巾痕迹，熟成期可达 4 个月。原料乳来自在阿尔卑斯山区花丛草地间放牧的羊群，这使得内芯呈淡黄色，气味香甜，并有蜂蜜的味道。内芯上分布着小洞，这是压榨过的奶酪所具有的特征。高山放牧纯山羊奶酪受另一种优良奶酪霍布洛雄（见 213 页）的影响。

半硬的内芯，用手指压会凹陷；未煮；经压榨

熟成14个星期

湿润的外皮有天然白霉和红褐色的霉

⊖	直径17~20厘米，高4厘米
⚖	1~1.3千克
◻	未标明
✓	秋季至冬季
🐐	生乳
🍷	萨瓦酒

罗讷河—阿尔卑斯（上萨瓦）

阿哈维纯山羊奶酪

CHEVROTIN DES ARAVIS

这种农庄奶酪制造于萨瓦阿哈维山脉（Aravis）的一个山庄里，其外表和风味与卢瓦尔河区的山羊奶酪很不相同。橘黄色的外皮湿湿的，带着白霉。内芯圆润、温和、质地细致，边缘会融化，很像制造法非常相似的霍布洛雄奶酪（见 213 页）。熟成环境的湿度必须保持在 95%，为期 3 ~ 6 星期，期间需用盐水洗奶酪，翻面并用手轻压。

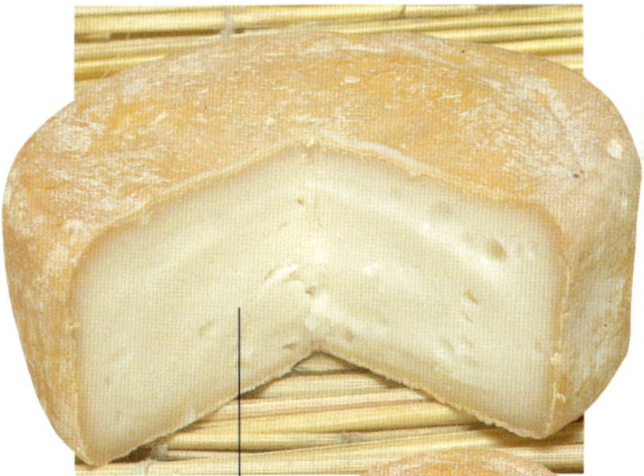

柔软的内芯；未煮，用手轻压过

水洗式外皮湿润，呈橘黄色，有粉末状的天然霉

⊖	直径8~10厘米，高3~4厘米
⚖	250~350克
◻	45%
✓	夏季至秋季
🐐	生乳
🐐	生乳
🍷	萨瓦

罗讷河—阿尔卑斯（萨瓦，上萨瓦）

马格纯山羊奶酪

CHEVROTIN DE MACOT

优良的酪场有几项要件，其中之一为必须具备熟成窖，因为奶酪最后就是在这儿“大功告成”。制造这种奶酪的场所原为第二次世界大战的防空洞，挖在山壁上，里头面积约 300 平方米，阴暗潮湿，是理想的藏酪处所。

这种农庄奶酪在萨瓦省塔杭戴斯的农场刚制好时，是白色的，接着送去给奶酪专门店熟成，熟成期为 1 ~ 3 个月。奶酪随后静置不管，为期 1 个月，在这段期间内表面逐渐长出黄色、粉红色的霉。

熟成1个月

外皮有天然霉

半硬的内芯；未煮，经压榨

直径	直径10~11厘米，高6厘米
重量	500~600克
脂肪	45%
最佳	6~12月
乳	生乳
酒	萨瓦酒

罗讷河—阿尔卑斯（萨瓦）

塞尼峰纯山羊奶酪

CHEVROTIN DU MONT CENIS

这种农庄山羊奶酪产自萨瓦的塞尼峰（Mont Cenis）一带，由于体积颇大，熟成期间拖得较长，达半年之久。外皮需用盐水洗，每隔一段时间并需用浸过 morge 液（见 41 页）的布擦拭。随着外皮逐渐长成，奶酪得以不受坏霉的破坏，但内芯仍可和藏酪窖中的天然环境产生互动。图示的奶酪已熟成整整半年，外皮仍然光滑，有弹性的内芯则开始变黏。

皮半硬的内芯；未煮，经压榨

水洗式外皮

直径	直径45厘米，高8厘米
重量	8千克
脂肪	45%
最佳	自秋季起最佳
乳	生乳
酒	克雷

罗讷河—阿尔卑斯（萨瓦）

蒙华乐善纯山羊奶酪

CHEVROTIN DE MONTVALEZAN

萨瓦省塔杭戴斯一位奶酪专卖商在协助奶酪制造者制酪时，发现这种农庄奶酪，其外观展现了两人对奶酪的热情和共同的努力。内芯扎实、细致，呈象牙白，具黏性且闻起来有霉味。熟成期为 4 ~ 5 星期。

⊖	直径10~12厘米，高6厘米
⚖	500~600克
🗋	45%
✓	春季至秋季
🐐	生乳
🍷	萨瓦胡榭特

罗讷河—阿尔卑斯（萨瓦 ）

贝塞－南柯瓦纯山羊奶酪

CHEVROTIN DE PEISEY – NANCROIX

萨瓦的贝塞村和南柯瓦村，海拔 1300 米，两村加起来仅有 481 位村民。他们生产的山羊奶酪采用农庄制造法，熟成期达半年，由于奶酪体积不大，这样的熟成期算得上相当长。经过熟成后，外皮的变化很大，内芯很黏。这种山羊奶酪品质优良，滋味成熟洗练。

⊖	直径10~12厘米，高6~7厘米
⚖	550~600克
🗋	未标明
✓	春季至秋季
🐐	生乳
🍷	萨瓦胡榭特

罗讷河—阿尔卑斯（萨瓦）

孔泰 COMTÉ（AOC）

这种奶酪又称孔泰格律耶尔（Gruyere du Comté），和伯堡奶酪同为法国最丰润、最受欢迎的奶酪。它是依照传统办法在侏罗山区制造，当地农民把自家的牛乳送至几个村落合组经营的地方合作社，叫做果香（fruitieres）。一个 45 千克的孔泰奶酪需用到 530 升的牛乳，亦即 30 头牛的每日产量。

结实，略有弹性的象牙白至淡黄色内芯；煮的温度在53℃以下，经压榨

金黄至褐色的天然外皮，经过盐水搓拭

熟成约一年

外观和风味

图中的奶酪表面宽且平，外皮湿凉，灰黄色中带点赭色。切割后显露扎实而柔软的内芯，入口即融，留下丝丝甜味，咸味虽重但均衡，带有浓郁的坚果味。孔泰是营养价值高且食用方式变化多端的奶酪，可配开胃酒，也可加在沙拉中，或者搭配水果，当三明治馅，或连同火腿片夹在吐司面包中压紧加热，拿来煮奶酪火锅也成。

制造和熟成

法国四成人口食用的孔泰奶酪，是法国产量最高的奶酪，1997 年产量为 38 500 吨。根据 AOC 规定，产区限于弗朗什—孔泰、勃艮第东部、洛林部分地区、香槟区以及罗讷河—阿尔卑斯区（确切省份参见下方地图）。品质受严格管制，每年有 5%的奶酪不能通过 AOC 检验。熟成必须在 AOC 注明的地区内进行，从生产日算起需 90 天，熟成处所温度在 19℃以下，湿度至少 92%。奶酪每隔一阵需擦拭并以盐水揉搓。外皮必须保湿，抹上混合了老奶酪屑的盐水（morge）搓拭。

奶酪眼

奶酪眼

孔泰奶酪内芯中的“眼”，是经仔细熟成的成果。眼的大小不等，有小如豌豆，亦有大如小颗樱桃的。如果在低温下延长熟成期，则不会形成奶酪眼。

⊖	直径40~70厘米，高9~13厘米
⚖	35~55千克
♣	每100克含62克
◻	45%；每100克至少27.9克
✓	全年
♉	生乳
🍷	侏罗丘（黄酒），甜麦香酒

（弗朗什—孔泰，汝拉，上索恩，贝尔福地区，罗讷河—阿尔卑斯，安，勃艮第，黄金海岸，索恩—卢瓦尔，香槟—亚耳丁，上马恩，洛林，佛日）

孔泰奶酪分切法

要把一个完整的孔泰奶酪一切为二或一切为四，必须先使用切割线，然后用厨用刀来切。

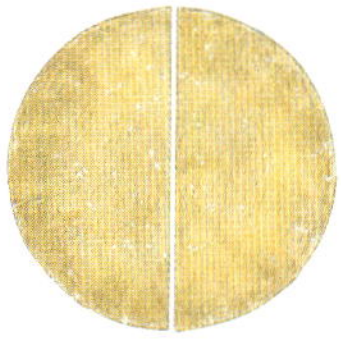

1.首先把奶酪对切，一分为二。

2.接着把半个奶酪再对半切开。

3.把每四分之一个的直角切掉。

4. 沿着侧边切出一半奶酪。

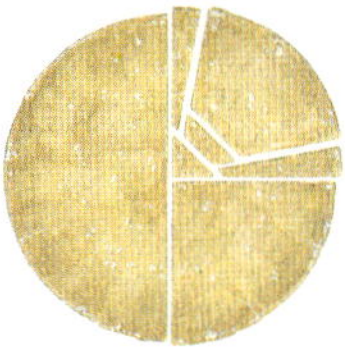

5.在每四分之一个奶酪的末端切出一片。

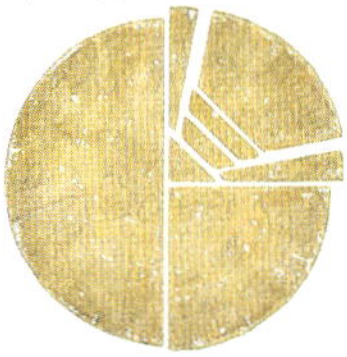

6.再顺着平行方向切一片。

7.剩下的奶酪分切成一半一半。

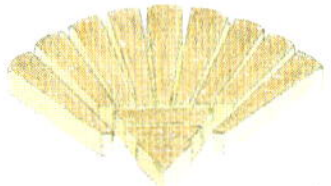

8.每四分之一个奶酪皆按同样方式分切。

AOC规定：孔泰

1.鲜奶挤出后必须立即送至制酪场地，若原料乳以14℃～18℃的温度冷藏，必须在14小时内进行凝乳；如果冷藏温度为4℃，必须在24小时内进行凝乳，冬季则为36小时。

2.原料乳可加热一次，最高温度为40℃，但仅限于在凝乳过程中加热。制造场所不准配备可在凝乳前将原料乳快速加热至40℃的设备或机器。

3.奶酪表面必须直接抹盐或者盐水。

4.奶酪侧面必须镶有嵌入式的绿色标签，注明生产日期。

5.磨碎的奶酪不准冠以孔泰之名出售。

AOC颁布于1976年

AOC评监孔泰奶酪的分级标准

孔泰奶酪区分为20级，评选时平均水准须超过12方属合格。级数15～20者，有绿色嵌入式标签；级数12～15者，嵌入式标签为砖红色。

奶酪味道的最低标准为3分，最高为9分。在下列任一评监项目中若有得0分者，则被淘汰出检测之列。评监项目包括形状、外皮、气孔和内芯。被淘汰的奶酪改以格律耶尔（Gruyere）之名出售。

项目	分数	供参考的理想状态
整体外观	1/20	侧面圆融；形态干净利落；侧面、顶端和底部皆无接合痕迹；比例匀称；未凸起，未拉长。
顶部、底部和侧部	1.5/20	用盐水混合液（morge）处理过；作过点状搓拭（带有布纹，结实（不易碎）；干净（干且光侧面滑，没有污点或涂层）；匀称（淡橘色至赭红色）；没有瑕疵，没有裂痕。
切割面和奶酪眼的外观内芯品质	3.5/20	应有气孔；每半个奶酪应有10～20个奶酪和奶酪眼；圆润、清晰、如樱桃大小，分布状态良的外观好，没有凹陷或其他瑕疵。
内芯品质	5/20	色泽匀称（乳脂色至淡橘黄色）；柔软（略有弹性）；光滑（但不太湿亦不太油）；对变形有中等抗力；质地细致（奶酪入口没有沙沙的感觉）；不粘嘴。
滋味品质	9/20	简单（没有瑕疵）、带坚果味（核桃）；带果香（杏桃、干果）；有乳香（牛奶、奶油）；略带烘烤味（焦糖）；草香（干草）；平衡（酸、咸、甜、苦）；没有刺刺的感觉；有余味。

科西嘉 Corse

科西嘉岛的法文名为Corse，屹立在地中海，位置在法国蔚蓝海岸南方170公里及意大利海岸的皮翁比诺（Piombino）以西83公里处。岛上最高点为琴托峰（Monte Cinto），峰顶大半年白雪皑皑。

科西嘉人自认为是独立自主的民族，有些岛民甚至把法国称为“大陆”。其语言较近似意大利语，而较不似法语，岛上独立运动活跃。

本岛由于战略地位重要，且具有商业潜力，故自有史来即成为各强权觊觎、侵略与强占之地，这些强权包括希腊、罗马、阿拉伯、比萨、热内亚和近200年来的法国。希腊人为岛上带来了绵羊、葡萄酒和橄榄；阿拉伯人则引进了山羊。

科西嘉岛大部分属地中海气候，但海拔1500公米以上的地区天气变冷，比较接近阿尔卑斯山的气候。不同的气候使岛上得以存活大约2000种植物，所有植物皆耐炎热、不怕干燥贫瘠的环境、耐强风和酷寒。在这些植物中，有78个物种在别处看不到。灌木与草丛遍生、地势崎岖不平，称为maquis，每到春天，大地繁花似锦，五色纷呈，为山羊和绵羊提供了优良的放牧地。

混合的气候、高低起伏的地形、强韧的植物以及几近野生的绵羊和山羊，组成一个理想的环境，让本岛得以生产多种和法国本土迥异的奶酪。

科西嘉的奶酪一般都是小型或中型尺寸，塑形时，以筛子（faisselle）来区分尺寸、做标示。岛上的奶酪较咸，风味强烈，气味亦浓。由于熟成期长，有多种奶酪味道浓烈，最宜佐以本地红酒食用。

科西嘉地图

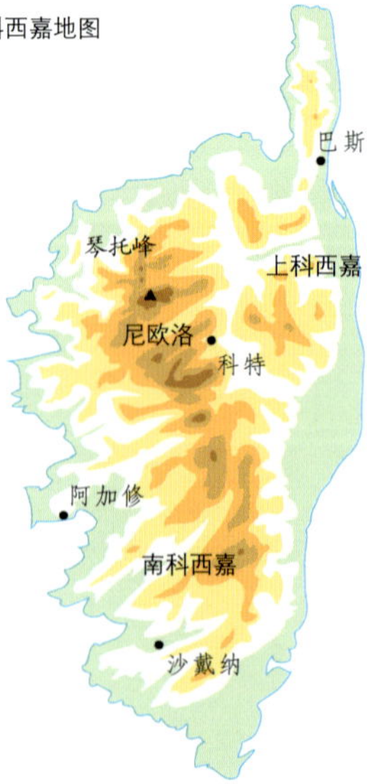

从空中鸟瞰尼欧洛高原（Plateau du Niolo）山势起伏的尼欧洛地区，位于上科西嘉（Haute Corse），有许多半野生的山羊和绵羊生活其间，它们的乳被用来制造多种科西嘉奶酪。

科西嘉奶酪

FROMAGE CORSE

这种农庄奶酪产自马南提先生（M.Manenti）的奶酪作坊，他的住宅兼作坊耸立在卡加托吉欧地区（Calcatoggio）的圣巴斯蒂亚诺隘口（Col San Bastiano）上方360公米处，而卡加托吉欧本身的高度已有411公米。绵羊和山羊在6月底或7月初被领进山中，10月下山；绵羊一年四季都在户外生活。用来使乳凝结的凝乳素，是自家用幼山羊胃袋里的凝乳蛋白酵素（chymosin）制成的，制作时需将胃袋在室内风干至少40天，接着切薄片，在1升的温水里浸泡两天。用来沥奶酪的芦秆筛子，以往亦是自家编制。经过100天后，奶酪上包覆着霉，味道带咸，质地细腻。熟成期至少2个月。

熟成4个月

熟成10小时

风干的幼山羊胃袋里盛放着奶酪

熟成8天

⊖	直径11~13厘米，高3~4厘米
⚖	500克
▢	48%
✓	春至秋季
🐐	生乳
🐑	生乳
🍷	巴提莫尼欧

科西嘉（南科西嘉）

熟成5个月

布侯西聿／乳清奶酪

BROCCIU/FROMAGE DE LACTOSERUM (AOC)

科西嘉人称这种奶酪为布侯西聿（Brocciu），其法文名称则为布侯西欧（Broccio）。其名称的字源可能是brousse，亦即用山羊或绵羊乳制的新鲜奶酪。布侯西聿相当特别，因为是第一种用乳清制造的AOC奶酪，通常在制酪时，乳清皆弃之不用。由于乳清中仍留有若干蛋白质和其他营养素，因此是很有用处的副产品。布侯西聿和意大利的丽克塔（ricotta）奶酪很相似，科西嘉人很爱吃，在当地市场上是被装在可退还的篮子里出售。

新鲜的白色内芯

制造

首先把乳清加热至35℃，并且加盐，接着注入全脂乳（乳清量的 10%至15%）。混合好的乳汁一面加热至90℃，一面搅匀。捞除浮在表面的白色固体小粒后，把乳汁倒进筛子里，使之沥干。奶酪依制造方式有农庄、工匠和合作社3种。

如何食用布侯西聿

布侯西聿通常在制造后2天内趁鲜食用，冷、热食皆可。不过，若加以沥干并加盐，也可以像其他奶酪一样进行熟成。内芯软甜、闻来有乳味，在喉间如液体般柔滑。很适合在早餐时配果酱或撒上胡椒与盐食用，也可在奶酪上淋本地产的酒渣白兰地再吃，或当成蛋包、意大利面卷的馅料。菲亚东（Fiadone）是一种可口的柠檬味海绵蛋糕，原料有布侯西聿、蛋、糖和柠檬皮屑 。

AOC颁布于1988年。

非常新鲜的布侯西聿，热腾腾的还在冒气。

呈漏斗状，大小不同
一般为500 克（如图）至1千克
40%~61%
✓ 春至秋季（新鲜山羊奶酪）；冬至初春（新鲜绵羊奶酪）；成熟奶酪全年皆有
全脂生乳
全脂生乳
科西嘉酒渣白兰地

科西嘉

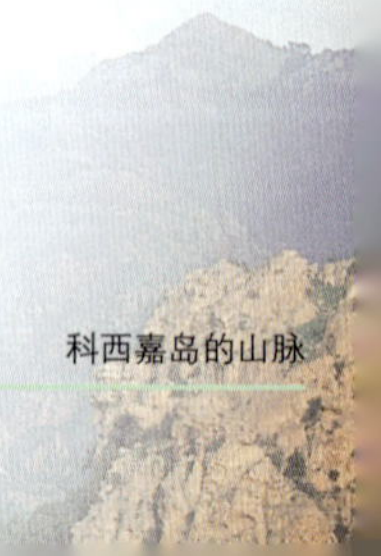

科西嘉岛的山脉

不同种类的布侯西聿奶酪

1. 盛在科西嘉传统篮子里的布侯西聿奶酪，购自科特（Corte）附近的波亥特庄园（Domaine de la Porette）。

2. 购自巴黎奶酪专门店的布侯西聿奶酪。

3. 购自阿加修（Ajaccio）市场的布侯西聿奶酪。

4. 购自里昂市场的布侯西聿奶酪。

5. 胡椒布侯西聿（Brocciu poivre）奶酪，购自圣莫赫（Sainte-Maure）一处市场。

1

2

3

4

5

卡朗萨纳（勒尼欧洛）

CALENZANA（LE NIOLO）

这种著名的农庄奶酪来自科西嘉北部的尼欧洛高原，熟成期至少需3个月。图中的奶酪相当白，外皮湿，内芯沉重且如泥土般易碎，味道强烈。

尺寸	正方形边长10厘米，高4~5厘米
重量	600克
脂肪含量	未标明
季节	春至秋季
奶	生乳
奶	生乳
酒	巴提莫尼欧

勒菲玉姆欧伯

LE FIUM'ORBO

这种工匠奶酪依据科西嘉北部一条小河而命名，外皮颇黏，上面有塑形的筛子造成的痕迹。风味浓郁，用手指轻压内芯即会凹陷，没有弹性。熟成期至少两个月，期间奶酪每两天即需翻面一次。

尺寸	直径10–12厘米，高4厘米
重量	400–450克
脂肪含量	50%
季节	11月至6月底（绵羊奶酪）；1月至6月底（山羊奶酪）
奶	生乳
奶	生乳
酒	科西嘉酒

丛林之花

FLEUR DU MAQUIS

这种工匠奶酪名字的意思是“丛林之花”，源自法国人对科西嘉岛起伏崎岖之地形的形容。

丛林之花

辣椒、杜松子、风轮菜和迷迭香

天然的外皮，覆着风轮菜和迷迭香

爱之麻

BRIN D'AMOUR

此种奶酪和丛林之花奶酪都有浓厚的干燥香草气味，入口舌头会有沙沙的感觉，内芯质地都很细致，呈象牙白，尝起来略酸。两种奶酪在法国本土偶尔有制造，本土人士喜爱这两种奶酪更甚科西嘉当地人。两者皆为工匠奶酪，熟成期至少1个月。

爱之麻

柔软的内芯，无弹性；未煮，未经压榨

- 边长10~12厘米，高5~6厘米
- 600~700克
- 丛林之花：45%；爱之麻：未标明
- 冬至夏季
- 生乳
- 科西嘉酒，普罗旺斯丘

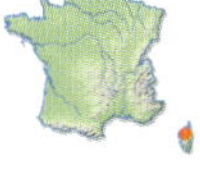

科西嘉（上科西嘉）

羊齿叶（蕨类）

A FILETTA (LA FOUGERE)

在科西嘉方言中，filetta的意思是“羊齿植物”。这种工匠奶酪用羊齿叶作装饰，产于距巴斯蒂亚城（Bastia）南方45公里的伊索拉秋（Isolaccio）。奶酪略带地窖和羊齿叶的气味，未成熟的奶酪亦可运至法国本土。熟成期3~4星期，期间需替奶酪翻面。

直径10厘米，高3~4厘米
300~350克
45%
12月至次年6月（绵羊奶酪）；3月至11月（山羊奶酪）
生乳
生乳
巴提莫尼欧

科西嘉（上科西嘉）

绵羊奶酪

FROMAGE DE BREBIS

图中这种农庄奶酪是11月在圣塔马利亚席雪（Santa-Maria-Siche）制造，原料乳来自强法拉尼先生（M.Cianfarani）的农场。照片摄于制造日之后一星期，白色的外皮看起来十分新鲜，内芯却有弹性。由于是用早上第一次挤奶的乳汁来制酪，因此隐约带点苦味。熟成期通常至少3个月。

直径11~13厘米，高7厘米
1千克
50%
春至秋季
生乳
巴提莫尼欧

科西嘉（南科西嘉）

农庄绵羊奶酪

FROMAGE FERMIER BREBIS

这种农庄绵羊奶酪外皮湿，内芯黏，和勒维纳科（见161页）是同种类奶酪。最佳食用季节为春至秋季，产季从冬初开始，持续至夏季。农场上的绵羊自12月7日开始产乳，制酪作业随即展开。在45天的熟成期间，奶酪每天都要用少许水洗并翻面；刚开始熟成时，奶酪几乎没有任何气味。

柔软无弹性的内芯；未煮，未经压榨

水洗式外皮

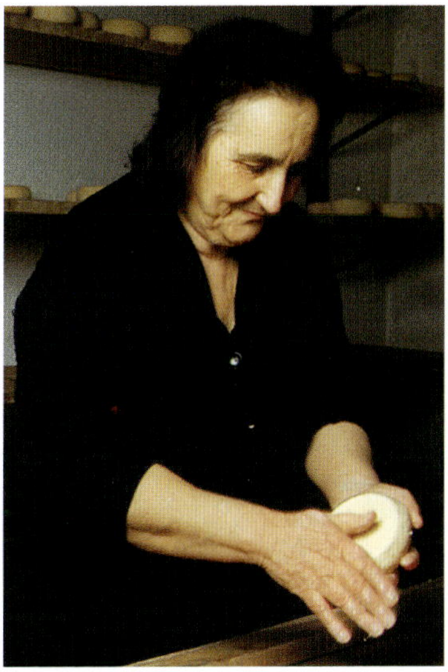

手工奶酪

虽然看起来像水洗式外皮的奶酪，其实只是以沾湿的手将之揉搓和翻面数次。

新鲜孔酪

- 直径9~11厘米，高4厘米
- 350~400克
- 45%
- 春至秋季最佳
- 生乳
- 巴提莫尼欧

科西嘉（上科西嘉）

纯绵羊奶奶酪

FROMAGE AU PUR LAIT DE BREBIS

图示4种农庄奶酪属同一种类，不过熟成期长短不同，从两个月至1年不等，因此各有不同特性。

尚未成熟的奶酪，约熟成两个月

成熟的奶酪

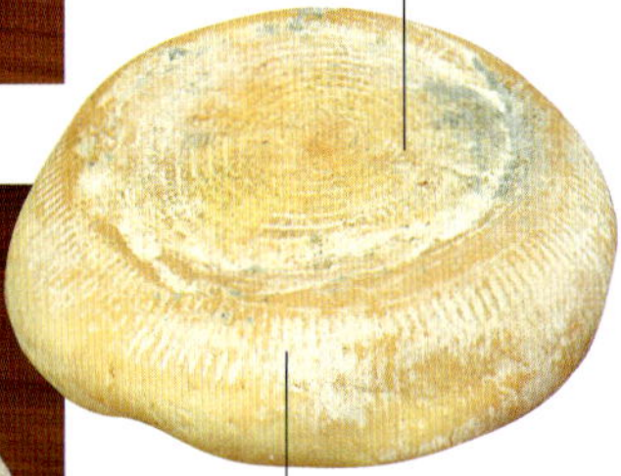

陈年且硬的奶酪

熟成一年的奶酪

直径12~15厘米，高5~6厘米
500~700克
未标明
冬至夏季
生乳
科西嘉酒

科西嘉（南科西嘉）

科西嘉奶酪

FROMAGE CORSE

科西嘉并没有奶酪店，因此民众都在晨间市场购买奶酪。制酪人也出售自家制造的奶酪，这些奶酪遂以制造者之名为名，比方“妮可夫人”（Mme Nicole's）之类的名称。图中的农庄奶酪尚未成熟，甚至还会有乳清流出；内芯和盐未及融为一体。这个奶酪购于卡拉库奇亚（Calacuccia）的超市。

新鲜尚未成熟的内芯

尺寸	边长11厘米，高5厘米
重量	570克
脂肪	未标明
季节	冬至初夏
乳	生乳
酒	阿加修

科西嘉（上科西嘉）

科西嘉尼欧洛奶酪

FROMAGE CORSE NIOLO

图中的奶酪购自里昂的市场，以尼欧洛（Niolo）之名贩售。不过据科西嘉奶酪专家表示，这种奶酪其实是产于阿加修一带的巴斯特利卡奇亚（bastelicaccia）类奶酪。霉呈蓝色和红褐色，外皮湿润。用手指压内芯，会有点凹陷。

柔软的内芯；
未煮，未经压榨

水洗式外皮，
留有筛子的痕迹

尺寸	直径11~12厘米，高4.5厘米
重量	450克
脂肪	45%
季节	冬至初夏
乳	生乳
酒	巴提莫尼欧玫瑰红

科西嘉（上科西嘉）

塔华尼亚山羊农庄奶酪

FROMAGE FERMIER DE CHEVRE DE LA TAVAGNA

强可利家的房屋坐落在一个山区的海岸边，在巴斯蒂亚南方车程约一小时之处。一年中有8个月的时间，他们每天约制作70个农庄奶酪。一打开包装奶酪的密封袋，一股辛辣的气味立刻扑鼻而来，并且可以看到包装的纸上留有筛子的痕迹。奶酪本身看来湿润且坚硬，像肥皂，已经熟成了7个月。熟成期一般是两个月，期间内每一阵子需用湿布擦拭奶酪。

尺寸	宽9~10厘米，长11厘米，高4厘米
重量	300~400克
脂肪	45%
季节	全年
乳	生乳
酒	夏龙堡黄酒，阿伯瓦黄酒
搭配	科西嘉酒渣白兰地

勒尼欧洛

LE NIOLO

科西嘉的卡萨马丘利（Casamaccioli）村仅有140位村民，桑提尼（Santini）兄弟就在这个深山小村里制造勒尼欧洛奶酪。这是种气味强烈的农庄奶酪，具有黏性，品尝时舌头感觉刺刺的。其气味会越来越重，绝不会消失。巴黎人一想起科西嘉奶酪，首先浮现脑海的便是这种奶酪。熟成期至少3个月。

尺寸	边长10~13厘米，高4厘米
重量	400~500克
脂肪	50%
季节	春至秋季
乳	生乳
酒	夏龙堡黄酒，阿伯瓦黄酒
搭配	科西嘉酒渣白兰地

勒穆夫隆

LE MOUFLON

这种农庄奶酪是用生山羊乳制造，产地在科西嘉南部的卡杰斯 （Cargese），熟成过程则在北部的山城卡拉库奇亚进行，通常历时3个月。

水洗式外皮

内芯会像硬土一样碎掉，毫无弹性；未煮，未经压榨

穆夫隆羊

MOUFLON

虽然制酪人认定穆夫隆羊(Mouflon)是山羊，它们其实是野生的高山绵羊，乃经人驯养的欧洲绵羊的始祖。这种羊有弯曲的角，但是没有胡子。直到今天，仍可看到穆夫隆羊的踪影，主要分布在斯堪的那维亚和科西嘉，在两地被称为穆夫隆(muflone)和穆夫利(mufoli)。这种羊目前已濒临绝种，以前的人很喜欢烤来吃，或者用一般炖羊肉和鹿肉的方法烹煮。

- 边长12厘米，高3厘米
- 400~500克
- 50%
- 夏季最佳
- 生乳
- 巴提莫尼欧

科西嘉（南科西嘉）

奶酪糊

PATE DE FROMAGE

“佩蒂德压模型”（Pate de formage）的意思就是“奶酪糊”，为科西嘉的特产。已熟成的奶酪碾磨后，放进容器中，再度进行熟成。有些本地人说，等奶酪中长满奶酪虫（ciron）之后，滋味最棒。这是种工匠奶酪，在桶中需熟成5~6个月。

置于罐中
净重200克
50%
全脂生乳
全脂生乳
全年
夏龙堡黄酒，阿伯瓦黄酒
科西嘉酒渣白兰地

科西嘉（上科西嘉）

羊齿叶奶酪糊

A FILETTA

据说科西嘉从前家家户户都制作这种糊状奶酪，其气味之强，甚至令人连眼睛都觉得刺刺的。这种工匠奶酪熟成期为5~6个月。

置于罐中
净重230克
45%
全年
生乳
夏龙堡黄酒，阿伯瓦黄酒
科西嘉酒渣白兰地

科西嘉（上科西嘉）

科西嘉的山城 ▶

桑贝特隆

SAN PETRONE

这是另一种由研磨过的成熟奶酪制成的奶酪糊，在不另添加其他物质的情况下使之成形，熟成7~8个月。奶酪并无外皮，内芯似面团，曾稍加揉搓。质黏，味道咸、辣，有点刺刺的口感，和含酒精奶酪（fromage fort）相似。这一奶酪是以工匠法制作的。

尺寸	边长10~11厘米，高5厘米
重量	500克
脂肪	45%
✓	12月至6月底制造；全年皆可购得
乳	生乳
酒	夏龙堡黄酒，阿伯瓦黄酒
☐	科西嘉酒渣白兰地

老科西嘉

LE VIEUX CORSE

这种糊式奶酪包在3层蜡纸中，内芯有青霉。奶酪咸且辣，十分可口。科西嘉人食用时，会像涂奶油一样在面包上抹厚厚一层。这是种工匠奶酪，熟成期至少3个月。

尺寸	边长10厘米，高2~3厘米
重量	500克
脂肪	50%
✓	全年
乳	生乳
酒	夏龙堡黄酒，阿伯瓦黄酒科
☐	科西嘉酒渣白兰地

多姆山羊奶酪

TOME CHEVRE

这种优良的农庄奶酪是安德烈尼先生（M.Andreani）在沙田（Sartene）附近的皮亚吉欧拉（Piaggiola）制造。据当地超市的收银员说，安德烈尼有时会亲自出马卖奶酪。这种奶酪和法国本土的山羊奶酪差别很大，表皮的霉好像覆盖着红色苔藓的硬石头，内芯光亮如蜡，奶酪必须用槌子敲打才会破，闻起来带有其熟成窖的气味，熟成期至少3个月。这种奶酪可能和萨丁尼亚一种叫做萨丁尼亚之花（Fleur de Sardaigne）的奶酪有关联，据说后者乃自古罗马时代流传至今。

⊖	直径17~18厘米，高8~9厘米
⚖	2千克
◻	未标明
✓	夏至冬季
🐐	生乳
🍷	巴提莫尼欧

多姆山羊奶酪

TOME DE CHEVRE

这种农庄奶酪非常干，有干草的气味，很可能来自山区灌木丛里生长的花朵，山羊平时吃的就是这些花草。熟成期至少3个月。图中这种奶酪到底产于哪里，不得而知。

⊖	直径16厘米，高6厘米
⚖	1.5 千克
◻	未标明
🐐	生乳
✓	全年
🍷	巴提莫尼欧

科西嘉铎姆（1）

TOMME CORSE（1）

这种工匠奶酪的硬内芯一咬下去，就有种近乎金属铜的风味，酸、甜、咸和红椒味，刹时在口中爆发，佐以科西嘉陈年佳酿尤其棒。不妨拿欧梭农庄奶酪（见77页）或萨雷奶酪（见96页）与这种科西嘉奶酪加以比较。

半硬的内芯；未煮，经压榨

外皮有天然霉

⊖	直径20厘米，高8厘米
重量	2千克
脂肪	47%
✓	全年
乳	生乳
酒	科西嘉酒（陈年）

科西嘉（上科西嘉）

科西嘉铎姆（2）

TOMME CORSE（2）

这种奶酪由创立于1975年的佩古瑞拉（Pecurella）合作社制造，佩古瑞拉是生产原料乳之绵羊的科西嘉名称，乳质浓香。下图中的奶酪已熟成1年之久，很容易碎掉。科西嘉铎姆奶酪需在12℃的温度和85%的湿度中熟成3个月至1年，本地人十分偏好这种奶酪。

半硬的内芯经陈年后会变成一粒一粒；未煮，经压榨

外皮有天然霉

熟成1年

⊖	直径20厘米，高8~10厘米
重量	2.5千克
脂肪	48%
✓	全年
乳	生乳
酒	科西嘉（陈年）

科西嘉（南科西嘉）

优惠仕提努U

RUSTINU

科西嘉的奶酪常常没有特定的名字，而统以布侯西聿（brocciu，意即奶酪）称之，有时候批发商会以自己的名字来替奶酪命名。这种奶酪由约瑟夫·桂狄契利（Joseph Guidicelli）制造，他生产的奶酪有两个名称：以地理位置命名的优惠仕提努，以及优蒙大拿苏（U Muntanacciu），此名在科西嘉方言里，意思是“山岳”。优惠仕提努是工匠奶酪，熟成期至少3个月，在这期间内需不时翻面。

直径10厘米，高5厘米
450克
45%
从12月至6月下旬生产；春季最佳
生乳
巴提莫尼欧

科西嘉（上科西嘉）

勒维纳科

LE VENACO

勒维纳科奶酪和勒尼欧洛（见154页）、卡朗萨纳（见148页）、布侯西聿（见146页），同为最典型的科西嘉奶酪。这种奶酪的名字来自其原产地：科西嘉中部的维纳科，不过这里如今已不生产这种奶酪。这一农庄奶酪是用绵羊乳制造的，熟成期至少2个月。

直径9厘米，高3~4厘米
350克
45%
全脂生乳
从冬季至初夏生产；春季至秋季最佳
阿加修

科西嘉（上科西嘉）

法国奶酪

D-G

叶之德鲁／德鲁之叶

DREUX À LA FEUILLE / FEUILLE DE DREUX

古城德鲁（Dreux）位于沙尔特（Chartres）北方的谷物产区，距离巴黎约80公里。当地生产形状扁平的奶酪，包覆在栗叶之下缓缓熟成；奶酪包着叶子就不会彼此粘黏。微微的栗叶香和怡人的霉味融合交汇。当奶酪熟成至晚期，白色霉纹变成红褐色，熟成期为2~3星期。这种工匠奶酪原本是工人在田里干活时吃的点心。

柔软的内芯；未煮，未经压榨

白霉外皮上装饰着栗叶

直径14~16厘米，高2~3厘米
300~350克
30%~40%
全年
生乳或杀菌乳
杜兰

中央区（厄尔—卢瓦尔）

艾曼塔

EMMENTAL

这种工匠奶酪和大艾曼塔生奶酪几乎一模一样，不过它是用杀菌乳制造的。

硬质内芯呈象牙白至淡黄色，气孔如樱桃至核桃一般大小；煮过，经压榨

干硬的外皮呈红褐色至淡棕色

直径70厘米~1米，高13~25厘米
60~130千克
每100克奶酪含60克
至少45%，每100克奶酪含27克
全年
杀菌乳
萨瓦，吉弗里，胡利，梅克雷

法国各地

◀ 利瓦罗附近，卡斯狄龙村一座城堡前，牛儿们正在吃草

大艾曼塔生奶酪

EMMENTAL GRAND CRU

这种奶酪有嵌入式的标签，作为品质保证。标签上注明产区、含脂量以及制造者的许可证号码。大艾曼塔生奶酪为体积很大的合作社或工厂奶酪，内芯煮过且经压榨，如同伯堡奶酪（见48页）和孔泰奶酪（见142页）。这种奶酪用生乳制作，产区有弗朗什—孔泰、罗讷河—阿尔卑斯部分地区、香槟—亚耳丁、勃艮第和洛林（明确省份参见下方的地图）。其内芯滑顺，气味香甜。熟成期至少10星期。

水洗且刷过的天然外皮呈土黄色

结实的内芯呈象牙白至淡黄色；煮过，经压榨

气孔的直径应为1.5～3厘米

⊖	直径70~100厘米，高13~25厘米
⚖	60~130千克
♣	每100克奶酪至少62克
◻	至少45%，每100克奶酪含27.9克
✓	全年
♉	生乳
🍷	萨瓦，吉弗里，胡利，梅克雷

罗讷河—阿尔卑斯（安，罗讷河，萨瓦，上萨瓦）；
勃艮第（黄金海岸，索恩—卢瓦尔）
洛林（佛日）
香槟—亚耳丁
上马恩

大艾曼塔生奶酪制造过程

制造这种奶酪至少需时6星期。

凝乳

制造一个70千克重的艾曼塔，需要800～900升的牛乳，首先在加凝乳素的阶段把牛乳加热至33℃，在30分钟内使乳凝结。研磨凝乳以促进乳清分离，接着再煮90分钟，温度不得超过53℃。

塑型

凝乳置入模型，加压24小时。接着把新鲜奶酪浸泡48小时盐水。盐水可令奶酪变咸，并使外皮成形。

熟成

奶酪置于10℃～13℃的熟成窖中三四天，接着窖温调高至16℃～18℃。1星期后，把奶酪移置21℃～25℃、湿度为60％的另一窖中，静置1个月。奶酪中的天然菌把氧转化成二氧化碳，形成气孔，内芯变得较具弹性、质地细致且风味十足。当奶酪表面膨胀时，移回温度16℃～18℃的窖中，接下来再移入10℃～13℃的另一窖中。

新鲜奶酪浸浮在盐水中，盐水可令奶酪变咸，并使外皮成形。

制奶酪的布琼先生（M. Boujon）正在切割巨大的奶酪。

勃艮第艾波瓦塞(AOC)

EPOISSES DE BOURGOGNE (AOC)

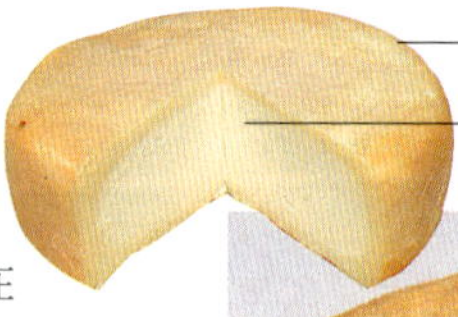

据说拿破仑偏嗜这种奶酪，常佐以香贝丹（Chambertin）葡萄酒食之。这种奶酪在20世纪初很受欢迎，但第二次世界大战时生产中断，直至1956年才由艾波瓦塞村的贝托先生（M.Berthaut）恢复制作。勃艮第目前只有一个农场生产以农庄法制造的这种奶酪，此外也有以工匠法制造的，分大小两种尺寸。

这种奶酪气味强，外皮为水洗式，带有酒渣白兰地香气。质地细致的内芯入口即融，味道又咸又甜，并有金属和牛乳味。熟成需在特定场所进行，至少需4星期。奶酪首先必须用加了酒渣白兰地的水或盐水洗，一星期洗1～3次奶酪，逐次增加酒的分量。

直径16.5～19厘米，高3～4.5厘米（大型）；直径9.5～11.5厘米，高3～4.5厘米（小型）
700～1100克；250～350克
至少50%
每100克奶酪至少40克
全年
全脂乳
普依富塞，梭甸甜酒
勃贝地酒渣白兰地

勃艮第（黄金海岸，荣纳）；香槟—亚耳丁（上马恩）

AOC规定：勃艮第艾波瓦塞

1. 主要必须用乳酸促使原料乳凝结16小时。
2. 凝乳须粗切，不可使之破碎。
3. 沥干后，需用干盐替奶酪调味。

AOC颁布于1991年

香贝丹之友

L'AMI DU CHAMBERTIN

这种工匠奶酪产于勃艮第的杰维－香贝丹村（Gevrey-Chambertin），熟成期至少4星期。

直径9厘米，高4厘米
250克
50%
全年
杀菌乳
香贝丹酒渣白兰地

勃艮第（黄金海岸）

昂贝尔圆柱奶酪／蒙布里松圆柱奶酪(AOC)

FOURME D'AMBERT / FOURME DE MONTBRISON (AOC)

这两种奶酪分别在昂贝尔（Ambert）和蒙布里松（Montbrison）周边地带生产，如今经AOC规定而结合起来，其制造方法需符合AOC规定。fourme的字源为拉丁词forma，意为型态或形状，一般认为fromage的字源可能也是这一拉丁词。

如同侯格堡奶酪（见216页），首先需把青霉植入奶酪中，再以针筒把空气注入内芯中，促进霉菌生长（见218页）。这是味道最温和的蓝纹奶酪，外皮颇干燥，内芯丰润且结实，有藏酪窖的气味。奶酪依制造方式分合作社和工匠两种，并无农庄种类。奶酪要在AOC注明的特定区域内熟成，自生产日算起为期至少28天，不过多半会熟成约2个月。

昂贝尔圆柱奶酪

蒙布里松圆柱奶酪

- 直径13厘米，高19厘米
- 1.5～2千克
- 每100克奶酪至少50克
- 至少50%；每100克奶酪至少25克
- 全年
- 生乳
- 梭甸甜酒，丽维萨特（VDN）

佛利诺

FRINAULT

任何优质奶酪表面若覆有灰烬，则内芯在更多一层的防护下会慢慢变干、变紧密，却不致太硬。在奶酪湿润表面上覆盖灰烬以达到保护效果的古老方法，来自法国中部的奥尔良（Orléanais）地区，最初时，限定使用葡萄藤嫩枝的灰烬。附图中切割过的奶酪，不如未切的另一个成熟。佛利诺入口美味十足，带有温和的余味。这是种工厂奶酪，熟成期为3～4星期。

柔软的内芯；未煮，未经压榨

天然的外皮上覆盖着灰烬

⊖	直径9～10厘米，高2厘米
⚖	120～150克
☕	50%
✓	夏至秋季
🐄	杀菌乳
🍷	杜兰

中央区（歇尔，卢瓦雷）

清淡奶酪 Fromage Allégé

allégé意即为“清淡”，是当前的时髦用语，指的是低脂的食品，比如低脂的优酪乳、奶油、人造奶油（margarine）和新鲜奶酪。标签上注明含脂量在20%~30%间的奶酪，可冠上allégé一词，奶酪依含脂量分类如下：

脱脂（Maigre）——低于20%；
低脂（A11égé）——20%~30%；
一般（Normal）——40%~50%；
双重乳脂（Doublecréme）——60%~75%；
三重乳脂（Triplecréme）——高于75%。

有些农庄奶酪并未注明含脂量，这是因为使用的原料乳含脂量每天不大一样。

加工奶酪（fromagefondu，见21页）含脂量至少40%；低脂加工奶酪（fromagefondualégé）含脂量为20%~30%。

据管理奶酪生产的“官方公报”（JournalOfficiel）规定，每100克奶酪需含有23克的纯酪量，才够格称为奶酪；加工奶酪的纯酪量最少应有43克；低脂加工奶酪则应有31克。

含脂量和奶酪的味道息息相关，含脂40%~50%的奶酪通常质地较结实，风味圆润。高脂的奶酪较柔软，和奶油一样，比较容易涂抹在面包上。

低脂奶酪既无含脂量一般的奶酪的风味，也无后者入口融化的滑顺质感。不过，有些人必须遵行低脂饮食，或者应当注意胆固醇摄取量，可是又不愿完全舍弃享用奶酪的美味，低脂奶酪的确给了这些人另一项选择。

贝格

BERGUES

弗兰德斯地区的小城贝格（Bergues）离比利时边界12公里。图中所示的奶酪特别扁平，在运送过程中容易变形。这种奶酪分农庄和工匠2种，熟成期为3星期至2个月，有时还更久，熟成期间奶酪需不时地以盐水或啤酒洗。

水洗式外皮

柔软的内芯；未煮，未经压榨

北加莱海峡

博格镇

- 直径12厘米，高4厘米
- 320~350克
- 15%~20%
- 全年
- 脱脂乳
- 当地啤酒
- 薄酒莱

勒布里柯

LE BOURRICOT

这种奶酪来自奥弗涅的康塔尔（Cantal），在一个工业化的酪场里制造。因包裹在麦草中熟成，奶酪略带麦草气味。熟成期为8星期。

⊖	直径12厘米，高4厘米
⚖	500克
◻	30%
✓	全年
♁	脱脂乳
🍷	圣普桑

灰奶酪

FROMAGE CENDRÉ

这种工匠奶酪在产地还有个名字，叫做“香槟灰”（CendrédeChampagne），是每年葡萄收成季的特产。包覆在外皮上的白木灰烬可防葡萄园里的苍蝇叮咬，但是在食用之前需用湿的刷子把灰刷掉。奶酪嗅来带有藏酪窖的霉味，需包裹在灰烬中熟成逾2个月。

⊖	直径12～14厘米，高3厘米
⚖	300～400克
◻	20%～30%
✓	全年
♁	脱脂乳
🍷	布立，香槟丘

露马格黑

LOU MAGRÉ

这种工匠奶酪来自泰罗布村（Terraube），该村位于法国西南部嘉斯科涅的洛马涅地区（Lomagne），这种奶酪略带地窖的气味，熟成期为3～10星期。

尺寸	直径20厘米，高5厘米
重量	1.8～2千克
脂肪	25%
季节	全年
乳	脱脂生乳
酒	马第宏

中比利牛斯（热尔）

洛塞尔微笑

SOURIRE LOZÉRIEN

这种工匠奶酪来自朗格多克的色芬地区（Cevennes）的吕克村（Luc），奶酪略带臭味，掺杂了熟成窖的霉味。熟成至少需10天。

尺寸	直径11厘米，高4～5厘米
重量	380～450克
脂肪	25%
季节	全年
乳	脱脂乳
酒	高比耶，菲杜

朗格多克—鲁西永（洛泽尔）

洛马涅铎姆

TOMME DE LOMAGNE

这种工匠奶酪略带地窖气味，产自嘉斯科涅的洛玛涅地区。熟成期为2个月。

⊖	直径18～20厘米，高6～7厘米
⚖	2千克
⊐	30%
✓	全年
♁	脱脂生乳
▼	马第宏

中比利牛斯（热尔）

勒华夏

LE VACHARD

这种略带霉臭味的工匠奶酪来自奥弗涅的弗瑞山区（Forez）的圣伯内勒谷侯（Saint-Bonnet-le-Courreau）村。熟成期为1个月。

⊖	直径12～13厘米，高3厘米
⚖	600克
⊐	30%
✓	全年
♁	脱脂生乳
▼	奥弗涅丘，夏德凯

罗讷河—阿尔卑斯（卢瓦尔）

含酒精奶酪 Fromage Fort

起初只有一般人家制作含酒精奶酪，他们把剩下来的奶酪弄碎，将之混入一种或多种液体中，比如乳清、牛羊乳或蔬菜汤里，使之发酵。浸泡液中还会添加油、水果白兰地或葡萄酒，以防止浸泡液变质，同时也会加香草、辛香料、盐、葡萄酒或苹果酒调味。把奶酪浸泡好几个月，食用前再添加葡萄酒。含酒精奶酪为地方性特产，特别是在葡萄酒产区，每区皆各有其传统制造法。奶酪的名称也各自不同，比如在山羊奶酪产区或半山羊奶酪产区，这种奶酪叫做卡夏（Cachat）或卡夏亚（Cacheilla）。至今仍制造含酒精奶酪的主要地区有里昂、马贡内、薄酒莱、多芬和冯度高地（MassifduVentoux）。

巴黎“圣胡贝农庄”（FermeSaint-Hubert）奶酪店老板兼首席制酪师佛依先生（M.Voy）说：“我们的含酒精奶酪味道很重，我们得把它放在盖得牢牢的石罐里。要是石罐没有盖子，你带着它去坐地铁，大家都会离得远远的，好像你有瘟疫似的。”

圣胡贝农庄出售的里昂含酒精奶酪（见下方），所用的原料为气味和味道皆重的奶酪，比如艾波瓦塞（见 166 页）、朗格禾（见 186 页）和玛华依（见 188 页）。混好的奶酪浸在勃艮第酒渣白兰地中，直到内芯变得完全滑顺。如果店里的奶酪气味不够强，则需不时搅拌罐中物，并把盖子打开，好让店里“异香”四溢。

含酒精奶酪是论勺出售的，不过，这要视季节而定。食用时在舌头上有刺感，适合涂抹在烤过的大蒜面包上，或佐以开胃酒。品尝这种奶酪时，会有不同的风味在口中发散，留下复杂的后味。这种奶酪和勃艮第酒渣白兰地十分搭配。

里昂含酒精奶酪

FROMAGE FORT DU LVONNAIS

这种里昂特产用变硬的牛奶酪或山羊奶酪制成，在家里或奶酪店里的做法是把奶酪置于加盖的石罐里发酵。气味和味道强烈刺鼻，适合搭配酒渣白兰地，和葡萄酒不太搭。

石罐使得含酒精奶酪能保持恒温

未标明

未标明

夏隆堡黄酒或阿伯瓦黄酒

酒渣白兰地

罗讷河—阿尔卑斯（罗讷河）

卡夏

CACHAT

图示的卡夏和本页下图的艾波瓦塞浸酒奶酪，皆由艾克斯普罗旺斯（Aix-en-Provence）的乔治·卡波奈（Georges Carbonel）夫妇在他们的餐厅里制作。卡夏是把未成熟的山羊奶酪（巴侬，见46页）浸在酒渣白兰地中制成，浸泡15天后，质地开始变成像乳脂一般。

盛在陶盘中的卡夏奶酪

未标明

阿伯瓦黄酒

普罗旺斯—阿尔卑斯—蔚蓝海岸
（罗讷河河口）

艾波瓦塞浸酒奶酪

CONFIT D'EPOISSES

这种奶酪源自艾波瓦塞村，是把未熟的艾波瓦塞奶酪浸在勃艮第白酒和少许酒渣白兰地中制成；一星期后，倒弃旧液，注入更多白酒。勃艮第艾波瓦塞（见166页）是种味道很重的水洗式奶酪，闻来有些刺鼻，口感颇咸。奶酪浸在酒渣白兰地中一星期后，入口在舌头上会刺刺的，味道刺激且带有生铜味。2星期后，奶酪变得像乳脂一般，咸味融合恰当，带有金属性的甜味，食用时应配上面包。

卡波奈先生表示，过去有不少加味奶酪，制作时添加盐、胡椒、番红花、蒜头、迷迭香、百里香和芥末调味。往昔肉价高昂，一般人都是以少量的奶酪配上大量面包来吃。这类奶酪味道十分强烈，使得面包尝来越发美味可口。

艾波瓦塞浸酒奶酪

未标明

勃艮第酒渣白兰地

普罗旺斯—阿尔卑斯—蔚蓝海岸
（罗讷河河口）

卡夏亚
CACHAILLE

这种含酒精奶酪来自普伊米歇村（Puimichel），制法是把干奶酪磨碎、放进陶罐，加进水果白兰地、胡椒、橄榄油和制造日期不超过 3 天的新鲜奶酪，务必搅拌均匀，若定期再添入奶酪，卡夏亚可保存 20 年之久。熟成期为 2 ～ 3 个月。

置罐中出售
净重200克
未标明
全年
生乳
生乳
维瓦丘玫瑰红

普罗旺斯—阿尔卑斯—蔚蓝海岸（阿尔卑斯—上普罗旺斯）

拉萨克奶酪
FROMAGÉ E DU LARZAC

和侯格堡奶酪（见 216 页）一样，这种带甜味的含酒精奶酪也来自侯格堡的拉萨克高原。它是工匠奶酪，放在陶罐里制造。

置陶罐中出售
净重160克
50%
全年
未标明
圣十字山甜酒，丽维萨特 (VDN)

中比利牛斯（阿韦龙）

帕德芬妮弗
PATEFINE FORT

这种工匠奶酪来自伊泽尔省（Isère）的圣乔治戴斯贝杭奇（Saint-Georges-d'Espé-ranche），置于塑胶罐中出售。其成分为 90% 的牛乳奶酪、白酒、香料、盐和胡椒。这种奶酪一般是涂抹在乡村面包和烤吐司上食用，味道偏酸。

置塑胶罐中出售
净重200克
未标明
全年
未标明
圣乔瑟夫

罗讷河—阿尔卑斯（伊泽尔）

新鲜奶酪 Fromage Frais

制造新鲜奶酪必须遵照下列要点：

●奶酪不可成熟，且必须由乳酸发酵而凝结的乳制成。

●奶酪出售时，其中含有的菌种，比如乳酸菌，必须是活性菌。

●每百克奶酪中，需含 10 ～ 15 克的纯酪量。

●奶酪生产后应尽快食用，奶酪必须清楚注明食用截止日期。

●通常使用杀菌乳，不过也有些农庄新鲜奶酪是用生乳制造。

●依含脂量不同，脱脂、低脂、双重乳脂和三重乳脂（见 256 页）的新鲜奶酪皆有生产。

每100克新鲜奶酪和他种奶酪成分对照表

	水分	纯酪量	含脂量
新鲜奶酪	85 克	5 克	45%（约 7 克）
卡蒙贝尔	55 克	45 克	45%（约 20 克）
康塔尔	43 克	57 克	45%（约 25 克）
侯格堡	38 克	62 克	45%（约 28 克）
孔泰	44 克	56 克	52%（约 29 克）

侯夫搅拌奶酪

BROUSSEDUROVE

在普罗旺斯方言中，Brousser 意为敲打或搅拌。由于凝乳在沥干前必须先搅拌，这种工匠奶酪便因此得名。另一名称为 fromagefraisdecorne，意即“羊角中的新鲜奶酪”，因为这种奶酪以前是注入羊角当中。这种奶酪呈液体状、清淡温和带甜味，闻来略有乳的气味。

置于9厘米高的塑胶筒中出售
45%
全年；12月至次年6月（绵羊奶酪）
未标明
未标明
普罗旺斯丘（白葡萄酒或玫瑰红）

普罗旺斯—阿尔卑斯—蔚蓝海岸（罗讷河河口）

卡努塞维尔 / 里昂克拉格黑

CERVELLE DE CANUT / CLAQUERET LYONNAIS

里昂地区用这种传统方式食用新鲜奶酪：把红葱头、蒜头、洋香菜（巴西里）、茴芹、细香葱（虾夷葱）和其他香味草，掺入沥干的白奶酪（见 178 页）中，清凉带酸的风味，和烤过的吐司很搭配。也有人把这种奶酪冰镇起来，在餐后享用。

未标明
圣维宏，马贡

罗讷河—阿尔卑斯（罗讷河）

新鲜山羊奶酪

CHÈVRE FRAIS

这种工匠奶酪和塞勒须雪 AOC（见110页）一样，也产在贝里地区，带有温和且香甜的山羊乳气味。

直径5～6厘米，高4厘米
125克
45%
全年
未标明
根希

中央区（卢瓦尔—歇尔）

费塞勒山羊奶酪

FAISSELLE DE CHEVRE

这种产自侯格堡的农庄奶酪，名称来自 faisselle 一词，指的是用来沥凝乳的篮子。工厂生产的费塞勒奶酪是用牛乳制作，在法国各地皆可看到。这种新鲜羊奶酪置于塑胶罐中出售，通常用汤匙舀来吃。

罐装出售
未标明
春至秋季
生乳
奥弗涅丘

中比利牛斯（阿韦龙）

枫丹白露

FONTAINEBLEAU

一般认为这种丰润乳脂状的新鲜奶酪源自枫丹白露堡附近的村庄。混合了发泡鲜奶油和新鲜奶酪制成的工匠类奶酪，可由制酪师傅经手制作。风味温和，清淡甘甜，比较像奶油蛋糕而非奶酪。食用时不妨配上水果蜜饯。

置于蒙了纱布的容器中成形

60%
全年
杀菌乳
莫利，班努斯（VDN）
波尔多（配水果蜜饯）

法兰西岛大区（塞纳—马恩）

白奶酪

FROMAGE BLANC

白奶酪有两种，一种是沥干后置于模具中成形的未成熟奶酪；另一种（如图）为限用乳酸发酵的奶酪，只稍稍沥过，称重出售。白奶酪味道略酸甜，可当成清爽且乳味十足的一道菜。

罐装出售
40%
全年
杀菌乳
薄酒莱
莱阳丘甜酒，梧雷甜酒（餐后点心）

法国各地

奶酪质如乳脂，掺些盐、胡椒和细香葱风味甚佳，或者加些果酱、蜂蜜或水果当饭后甜点

农庄白奶酪

FROMAGE BLANC FERMIER

这种白奶酪为农庄奶酪，产自卡斯科涅地区热尔省（Gers）的小镇玛西亚克（Marciac）。如同上面介绍的白奶酪，这种奶酪味道亦略酸甜，可当成清爽且乳味十足的一道菜。

宽9厘米，长10厘米，高3.5厘米
200克
未标明
春至秋季
生乳
图依松

中比利牛斯（热尔）

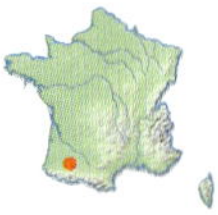

尼姆新鲜奶酪

FROMAGE FRAIS DE NIMES

这种用工匠法制造的新鲜奶酪来自朗格多克地区，奶酪上放了月桂叶做装饰，月桂的香气融入奶酪的牛乳味当中。质地滑顺，酸味温和，略有一丝甜味。

直径8厘米，高不到2厘米
150克
未标明
全年
生乳
佛杰尔

朗格多克—鲁西永（加尔）

月桂叶有装饰和替奶酪添香之效

加尔迪昂

GARDIAN

这种小型的新鲜奶酪产于普罗旺斯的罗讷河河口（Bouches-du-Rhone），用牛乳或绵羊乳制作，上面撒了胡椒和普罗旺斯混合香草（herbesdeProvence），并饰以月桂叶。奶酪限于农庄法制造。

直径6～7厘米，高3厘米
250克
45%
12月至次年夏季（绵羊奶酪）；全年（牛奶奶酪）
未标明
未标明
普罗旺斯丘玫瑰红

普罗旺斯—阿尔卑斯—蔚蓝海岸（罗讷河河口）

嘉斯当贝哈

GASTANBERRA

在巴斯克地区，嘉斯当贝哈意指凝结的绵羊乳，这种农庄奶酪即产自巴斯克。有位妇女制造这种奶酪，由她的儿媳妇拿到市场出售。奶酪装盛于陶罐中出售，顾客购买时要先退还上一回的陶罐。其滋味尝来像凝固的绵羊乳。

装于罐中出售
45%～50%
12月至次年6月
生乳
依芦雷基

阿基坦（比利牛斯—大西洋）

新鲜谷尔内

GOURNAYFRAIS

这种工匠奶酪产于诺曼底区塞纳滨海省（Seine-Maritime）的布雷地区（Pay-sdeBray）。气味香甜，滋味清淡。

宽10厘米，长10厘米，高3.5厘米
250克
45%
全年
未标明
波尔多，勃艮第，罗讷河丘

上诺曼底（塞纳滨海）

小瑞士

PETIT – SUISSE

这种奶酪的制法有工匠和工厂两种，是1850年左右，由诺曼底一个制酪场的瑞士工人所创新制作，奶酪以半打为单位出售，味酸甜，内芯非常柔软。奶酪体积很小，通常搭配果酱或咖啡一起食用。

非常柔软、新鲜且质地均匀的内芯

直径3厘米，高4厘米
30克
至少23%
至少40%
全年
含乳脂的杀菌乳
波尔多，勃艮第，罗讷河丘

法国各地

塞卡鲁

SÉGALOU

这种农庄奶酪的名字衍生自其产地，凯尔西南方的塞加拉（Ségala）。位于塔恩地区（Tarn）的塞加拉土地贫瘠，只能种植黑麦。塞卡鲁虽然属于新鲜奶酪，但图中的已开始熟成。这种奶酪是用上等牛乳制造，质地柔润，余味无穷。

中央的直径4厘米，长15厘米
250克
45%
全年
生乳
加雅克，卡欧

中比利牛斯（塔恩）

新鲜母牛奶酪

VACHE FRAIS

这种无盐的农庄奶酪产于贝尔昂，制造者为佩能（M.A.Penen）。傍晚挤出的牛乳中添加凝乳素，1个小时以后把凝乳放进模具中，让它沥一整夜，第二天把新鲜奶酪送至市场出售。

直径8厘米，高4厘米
280克
全年
生乳
图依松

阿基坦（比利牛斯—大西洋）

乳清奶酪 Fromagede Lactosérum

乳清奶酪是用乳清（lactosérum）凝结产生的物质制成，这些低脂的奶酪可加以浓缩或添加其他酪制品。最著名的乳清奶酪为科西嘉的布侯西聿奶酪（见146页），它也是唯一拥有AOC地位的乳清奶酪。

乳清为制酪时原料乳凝结后分离出来的液体，大部分蛋白质和脂肪留在凝乳中，成为奶酪的主要成分，不过稀薄、乳状的乳清中仍残存一些蛋白质和脂肪。一般把乳清称为petit-lait，其中仍有若干营养成分，如蛋白质、脂肪和矿物质。乳清经二度凝结（通常用加热法）后，残留的蛋白质和脂肪被取出，用来制造乳清奶酪，已经再度利用的乳清这时可以丢弃。乳清奶酪是既有用又有利可赚的制酪副产品。

乳清奶酪带有香甜温和的味道，可抹在面包上当咸口味点心；或当成饭后点心，单吃或配果酱皆可。

高斯度新鲜绵羊奶酪

BREBIS FRAIS DU CAUSSEDOU

这种农庄奶酪产自洛特省（Lot）的普戴马斯（PouxDelMas）农场，味道不咸也不酸，略带甜味。奶酪带有强烈的绵羊乳风味，原料乳来自在凯尔西高原上放牧的绵羊。

- 直径9～10厘米，高4.5厘米
- 360克
- 未标明
- 全年
- 生乳的乳清
- 贝杰哈克，加雅克

中比利牛斯（比利牛斯—大西洋）

布禾依／桑贝宏纳

BREUIL / CENBERONA

这种低脂农庄奶酪产自巴斯克，巴斯克语称为Cenberona，法语称为Breuil。气味温和带乳香，质地柔润。奶酪上浇些浓咖啡当早餐乃传统吃法。当地人声称这种奶酪的酸度跟脂肪和咖啡很搭。洒上糖、淋些雅马邑白兰地，可当饭后甜点。

- 罐装出售
- 30%
- 12月～次年6月
- 生乳的乳清
- 咖啡
- 雅马邑白兰地

阿基坦（比例牛斯—大西洋）

格禾依

GREUILH

这种农庄奶酪来自贝尔昂的欧梭谷，可以单吃或配果酱当成甜点，味道清淡爽口，和白体果酱尤其搭配。这种奶酪以真空包装出售，应在21天内食用。

真空包装出售，重2～3千克；亦可称重出售
未标明
12月至次年6月底
生乳的乳清
图依松

阿基坦（阿尔卑斯－大西洋）

新鲜柔软的内芯——乳清加热凝结后沥去多余液体

塞哈克

SÉRAC

来自萨瓦的这种农庄奶酪单吃就很可口，也可撒上香味草和橄榄油，配烤吐司一起吃。也可用伯堡奶酪（见48页）的乳清制作这种奶酪。

依容器大小而有不同尺寸
未标明
春至夏季（山羊奶酪）；全年（牛乳奶酪）
牛生乳的乳清
山羊生乳的乳清
萨瓦胡榭特

罗讷河—阿尔卑斯（萨瓦）

新鲜柔软的内芯——乳清加热凝结后沥去多余液体

野餐的人们在罗讷河河谷一边吃着当地的奶酪、面包，一边饮着美酒。

嘉贝宏
GAPERON

嘉贝宏这一名称可能衍生自 gap 或 gape，在奥弗涅方言里意指 buttermilk（白脱乳）。在古代人们还利用搅乳桶制奶油时，留在桶内的液体称为 laitdebeurre（白脱乳）或 laitbattu（搅打乳），将这些液体混合新鲜牛乳，即可制造嘉贝宏。

这种工匠奶酪外皮干硬，有弹性的内芯含有蒜头和胡椒粒，味道重而且刺激。这是种低脂奶酪，悬挂在钩上，置火炉旁熟成，因此带有强烈的烟熏气味。熟成期为 1～2 个月。

⊖	底部直径8～9厘米，高8～9厘米，悬挂于黄绳上
⚖	250～350克
🥛	30%～45%
✓	全年
🐄	生乳、杀菌乳，全脂乳，有部分脱脂乳
🍷	奥弗涅丘

阿黑许格哈塔宏
GRATAROND'ARECHES

图中的农庄奶酪已熟成 4 星期，既咸又黏。制造于萨瓦的伯堡地区的山庄里，原料乳味道强烈。在 4 星期的熟成期间，需用盐水揉搓奶酪并翻面。

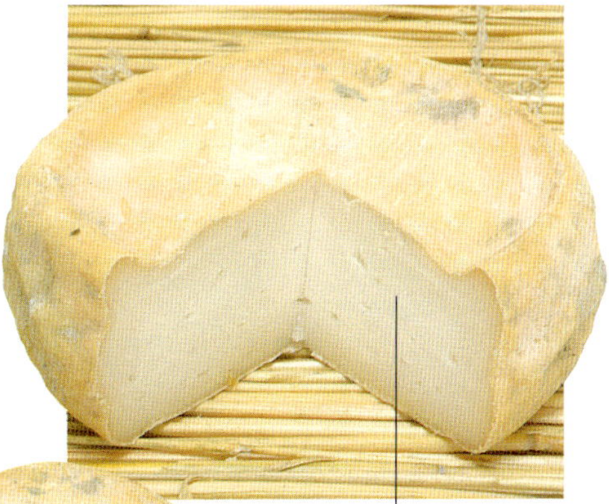

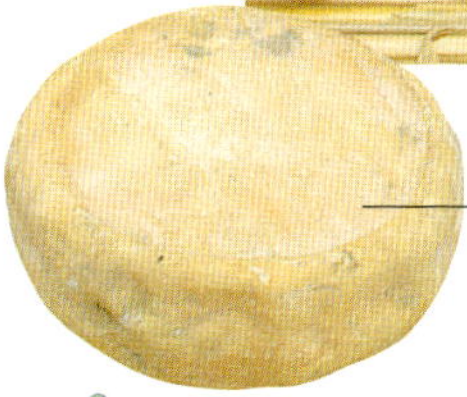

⊖	直径9～11厘米，高3～4厘米
⚖	300～400克
🥛	45%
✓	春至秋季
🐄	生乳
🍷	克雷皮，塞榭

法国奶酪

L-N

朗格勒（AOC）

LANGRES（AOC）

由名称即可看出，这一工匠奶酪源自香槟区朗格勒（Langres）的高原。形状像圆柱，顶端有个5毫米深的凹陷部位，叫做水池（fontaine），可用来盛接香槟或酒渣白兰地，让奶酪尝来十分可口，这是葡萄酒产区很特别的一种食用法。

奶酪表面黏湿光亮，气味颇浓。内芯结实柔软，入口即融，芳香四溢。咸味亦颇强，不过比勃艮第艾波瓦塞要温和（见166页）。图示的这个已完全成熟。

朗格勒大小尺寸兼备，熟成需在AOC指明的地区进行，为期5～6星期。奶酪置放于湿度95%的藏酪窖中，定时用手或用湿布沾盐水揉搓，大型奶酪熟成期最少21天，小型为15天。外皮用从美洲胭脂籽中抽取的红色染料染红，这一染料的法文为rocou，亦用于其他奶酪和奶油。

内芯呈白色至浅灰褐色，愈近中心愈软；未煮，未经压榨

水洗式外皮滑顺细致，呈砖红色至淡褐色

直径16～20厘米，高5～7厘米（大型）；直径7.5～9厘米，高4～6厘米（小型）
至少800克（大型）；至少150克（小型）
每100克奶酪至少42克
至少50%，每100克奶酪至少21克
全年
杀菌乳
香槟区酒渣白兰地

香槟—亚耳丁（上马恩）；洛林（佛日）；勃艮第（黄金海岸）

AOC规定：朗格勒

1. 切片的凝乳不得用水洗或搓捏。（不得使用浓缩乳或还原乳）
2. 盐水中可以添加胭脂籽，用来揉搓奶酪，以使奶酪外皮染上颜色。

AOC颁布于1975年

立瓦侯

LIVAROT（AOC）

这种工匠或工厂奶酪以诺曼底的一个村庄命名，还有个昵称叫“上校”（Colonel），因为奶酪上绑缚着蔺草或纸索，很像上校的臂章。

这些年来，立瓦侯奶酪的气味和滋味都已愈来愈淡化，购买时需挑选很熟的奶酪，用手指按压时，奶酪会陷下去。不过，闻起来不该有阿摩尼亚（氨水）味，有此异味表示奶酪已经过了最佳食用日期。

立瓦侯味道颇重，水洗式外皮用了胭脂杆染色，而且会黏手指，成熟的内芯没有弹性，在舌头上的感觉颇重且湿。这种奶酪会在口中徐徐融化，风味辛辣，近似吊挂风干肉类的味道。

熟成期为时至少3星期，通常需要1～2个月，期间应定期用水或淡盐水洗奶酪，并翻面。

湿润的水洗式外皮

柔软的内芯；未煮，未经压榨

⊖	模具直径12厘米，高4～5厘米
⚖	450 克
♣	每个奶酪至少230克
◻	至少40%，每个奶酪至少92克
✓	全年
⌂	生乳或杀菌乳
🍷	波美侯黄酒
🍷	多凯，阿尔萨斯灰皮诺晚摘型葡萄酒

下诺曼底（卡尔瓦多斯，奥恩）

AOC规定：立瓦侯

1. 凝乳必须分开且加以搓揉，使其沥得更干。
2. 可以有3种小的尺寸：四分之三大小（TROIS—QUARTS LIVAROT）：模具内部最小直径10.6厘米，每个奶酪的纯酪量至少135克。小型（PETIT—LIVAROT）：模具内部最小直径9厘米，每个奶酪的纯酪量至少120克。四分之一大小（QUART—LIVAROT）：模具内部最小直径7厘米，每个奶酪的纯酪量至少60克。

AOC颁布于1975年

玛密霍勒

MAMIROLLE

这种砖型奶酪来自杜省（Doubs）的玛密霍勒村，味甜，内芯细致且具弹性，外皮是水洗式。玛密霍勒奶酪由国立酪农业学院（École Nationale d'Industrie Laitière）的学生所制造，这所学院的学业水准要求很高，不易入学。勃桑松（Besancon）的农业同业联盟（Union Agricole Comtoise）也有制造这种奶酪。熟成期至少15天，期间奶酪需以添加了胭脂籽的盐水洗涤。

湿润、砖红色的水洗式外皮

半硬有弹性的内芯；未煮，经压榨

◇	长15厘米，宽6～7厘米，高4厘米
⚖	500～650 克
◻	45%
✓	全年
⌂	杀菌乳
🍷	阿伯瓦

弗朗什—孔泰（杜）

玛华依 MAROILLES

玛华依

MAROILLES（AOC）

据说这种奶酪是公元962年时一位修士所创，又称玛霍勒（Marolles）。味道强烈，有农庄和工厂2种制法。内芯为金黄色、柔软且油润，甜味在口中久久不散。熟成必须在特定地区进行，至少5星期，但通常长达2~4个月，期间奶酪需定期翻面并刷洗，其外皮从黄转橘，最后变成红色。反复地翻面和刷洗使外皮上不会长出天然白霉，并促进细菌（红酵母）生长，从而使得奶酪外皮呈红色。

湿润、砖红色的水洗式外皮

柔软的内芯；
未煮，未经压榨

小型的玛华依奶酪，叫做小可爱

尺寸	方形边长12.5～13厘米，高6厘米
重量	700克
固形物	每个奶酪至少360克
脂肪	至少45%，每个奶酪至少162克
季节	全年
乳源	生乳或杀菌乳
搭配	教皇新堡

皮卡第（埃纳）；
北加莱海峡（诺尔）

AOC规定：玛华依

1. 分割好的凝乳不可清洗。
2. 禁止使用杀霉菌剂。
3. 可有3种尺寸：索贝（SORBAIS）：方形边长12～12.5厘米，高4厘米，重550克，纯酪量至少270克，熟成至少4星期。小可爱（MIGNON）：方形边长11～11.5厘米，高3厘米，重350克，纯酪量至少180克，熟成至少3星期。四分之一（QUART）：方形边长8～8.5厘米，高3厘米，重180克，纯酪量至少90克，熟成至少2星期。

AOC颁布于1976年

拉昂长奶酪

BAGUETTE LAONNAISE

这种工厂奶酪来自古城拉昂（Laon），通常是砖块形状，不过在阿维斯诺瓦和提耶哈许地区，亦有形如长棍者。这奶酪味道强烈，和玛华依奶酪同类，似乎没人搞得清楚它到底是第一次世界大战还是第二次世界大战后开始生产。熟成期为2个月。

尺寸	宽6厘米，长16厘米，高6厘米
重量	500克
脂肪	45%
✓	全年
乳	杀菌乳
酒	香槟丘，布立

皮卡第（埃纳）

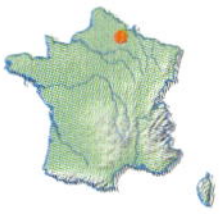

小的长棍形奶酪，重250克

阿维尼布雷特

BOULETTE D'AVESNES

有农庄和工厂两种，名称源于靠近比利时边境的古城阿维尼。用白脱乳或玛华依新鲜奶酪来制造，添加洋香菜、胡椒、茵陈蒿和丁香调味，用手塑形，并以胭脂籽染色或敷以匈牙利红椒粉。熟成期2～3个月；农庄种类并用啤酒洗。

尺寸	底部直径6～8厘米，高10厘米
重量	180～250 克
脂肪	45%
✓	全年
乳	生乳或杀菌乳
酒	勃艮第巴斯红酒

北加莱海峡（诺尔）

坎布雷布雷特

BOULETTE DE CAMBRAI

坎布雷地区生产谷物和甜菜，并以其小肚肠（andouillettes）闻名。这种奶酪是用手捏塑新鲜奶酪而成形，并添加盐、胡椒、茵陈蒿、洋香菜和细香葱，要趁鲜食用。制造方式有农庄和工匠2种，无须熟成。

尺寸	底部7～8厘米，高8厘米
重量	200 克
脂肪	45%
✓	全年
乳	生乳或杀菌乳
酒	勃艮第巴斯红酒，薄酒莱

北加莱海峡（诺尔）

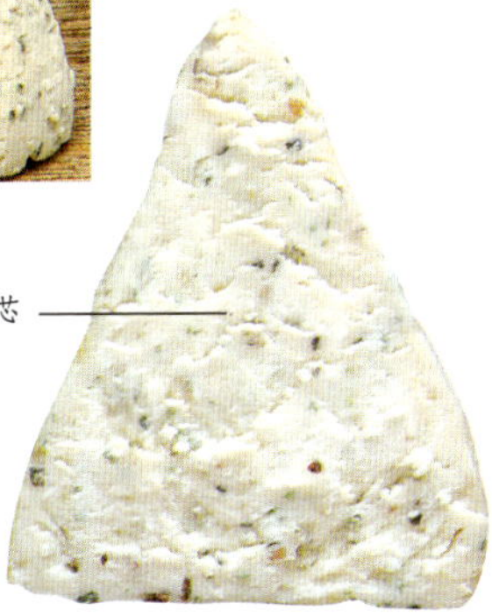

阿哈之心

COEUR D'ARRAS

这种工匠奶酪尽管气味强烈，仍属于玛华依奶酪种类。味道浓烈，奶酪在舌头上触感沉重，会徐徐融化，留下甜且久久不散的余味。熟成需时3～4星期，期间需用水清洗奶酪。

宽10厘米，长7～8厘米，高3厘米
200克
45%
全年
杀菌乳
教皇新堡，高丽乌尔

北加莱海峡（加莱海峡）

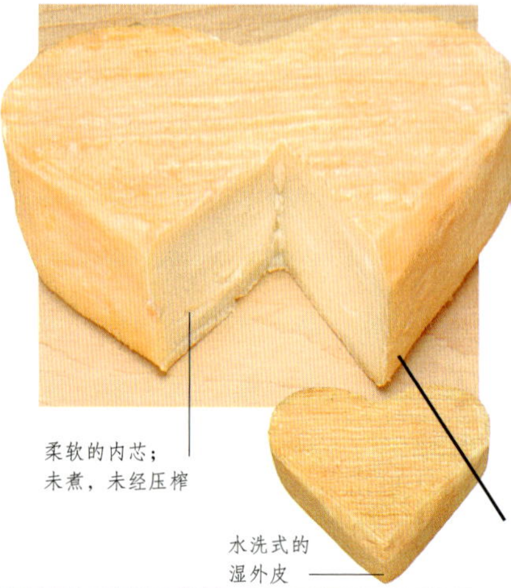

阿维尼之心

COEUR D'AVESNES

初尝水洗式外皮奶酪的人，适合先从这种工匠奶酪开始。有淡淡的气味和味道，甜味久久不散。黄色的内芯略具弹性，有一些小小的气孔；略湿的橘色外皮会黏手。要熟成3～4星期，期间需定时水洗。

宽10厘米，长8厘米，高3.5厘米
200克
45%
全年
杀菌乳
优级波尔多

北加莱海峡（诺尔）

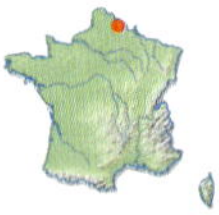

多芬

DAUPHIN

传说法王路易十四来到当地时，因为太爱吃这种奶酪，故准许命名其为多芬，这是他的儿子，亦即王储之名。这种奶酪是把玛华依奶酪加上洋香菜、茵陈蒿、胡椒和丁香调味，接着再熟成2～4个月。制造方式有工匠和工厂两种。

高不到5厘米
300～500克
45%
春至秋季
生乳或杀菌乳
罗讷河丘

北加莱海峡（诺尔），皮卡第（埃纳）

里耳灰奶酪

GRIS DE LILLE

又称里耳之臭（Puant de Lille）、浸泡之臭（Puant Macere）和老里耳（vieux Lille），把成熟的玛华依奶酪泡盐水 3 个月，使其变咸而成。Puant 意指气味难闻，而这种奶酪的确有腐臭味，当地人却觉得愈臭愈好吃。制法有工匠和工厂两种。

方形边长13厘米，高5－6厘米	
700克～1千克	
45%	
✓ 全年	
生乳或杀菌乳	
当地啤酒	
香槟	

盖尔比尼

GUERBIGNY

这种工匠奶酪产于北部皮卡第区的同名村庄，气味和味道皆强烈，湿润的内芯会黏舌，和心形的霍洛奶酪可能系出同源。熟成需 5 星期。

宽11厘米，长8～9厘米，高2.5厘米	
250克	
45%	
✓ 春至秋季	
全脂生乳	
松塞尔，香槟丘	

霍洛 ROLLOT

第一个霍洛奶酪为农庄奶酪，制造于北部皮卡第区的同名村庄。有明显的咸味，并有久久不散的苦味。图中所示的这个奶酪仍未成熟，味道温和，但一旦成熟，味道会很强。也有工厂生产这种奶酪，呈心形。熟成期为4星期。

直径7～8厘米，高3.5厘米	
280～300克	
45%	
✓ 春至秋季	
生乳或杀菌乳	
松塞尔，香槟丘	

孟斯戴／孟斯戴杰侯梅 MUNSTER / MUNSTER－GEROME（AOC）

隔着佛日山脉，在东边的阿尔萨斯和西边的洛林，皆制造这种奶酪，但名称却不相同。在阿尔萨斯叫做孟斯戴，在洛林则称为杰侯梅。1978年，AOC孟斯戴杰侯梅把两者结合在一起。

外观和风味

这种奶酪的主要特色首先显现于刺鼻的气味；其次是柔软、光滑的内芯，浓稠得如同融化的巧克力。熟成得宜的奶酪外皮呈砖红色，金黄色内芯质地细致，略黏，带甜，有浓郁的牛奶味。

这一奶酪尚未成熟时，外皮为橘黄色，内芯为淡乳脂色，质地如脆而易碎的肥皂。成熟的孟斯戴奶酪气味浓烈，产地民众喜欢配上小茴香或连皮煮的马铃薯一起吃，也可买到现成的小茴香加味孟斯戴奶酪。

熟成3星期

水洗皮

AOC规定：孟斯戴奶酪

1. 分离的凝乳在放入模具前，不得清洗或揉捏。
2. 如果奶酪是在产地以外的地区熟成，标签上必须注明产地和熟成地点。

AOC颁布于1978年

不属于AOC的新鲜奶酪

孟斯戴奶酪的牛

制造孟斯戴奶酪的牛乳来自佛日牛（Vosgiennes cows），这种牛在18世纪时从北欧引进。牛体强壮，产乳质佳、含有高蛋白质。

生产和熟成

这一奶酪依制造方式有农庄、工厂及合作社3种，不得使用浓缩乳或还原乳，熟成必须在AOC指定地区进行，为时至少3星期（小型孟斯戴则为2星期），不过一般来说熟成期会达到2～3个月。奶酪在熟成其间储藏在温度11℃～15℃、湿度95%～96%的藏酪窖中，每隔两三天用手或用布沾淡盐水揉搓。如此一来，奶酪独特的黄色至橘红色外皮得以成型。

小茴香加味孟斯戴奶酪

熟成1星期

- 直径13～19厘米，高2.4～8厘米
- 直径7～12厘米，高2～6厘米（小型孟斯戴）
- 每100克奶酪含44克
- 至少45%，每100克奶酪含19.8克
- 全年；夏至冬季（农庄奶酪）
- 生乳或杀菌乳
- 格乌兹塔明那，多凯，阿尔萨斯灰皮诺

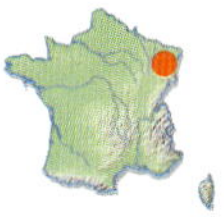

阿尔萨斯
下莱茵，上莱茵；
洛林
默尔特—摩泽尔
摩泽尔，佛日；
弗朗什—孔泰
上索恩，贝尔福特地区

墨比耶

MORBIER（AOC）

墨比耶奶酪的外皮是天然形成，并经过搓揉；内芯柔润且甘甜。这是种温和的奶酪，孔泰一带的制酪人当初制造这种奶酪只是为了给自家食用。往昔在制造时会在新鲜的凝乳上撒煤灰，以免形成外皮，兼以驱虫，并把奶酪置于桶底一夜，次日早晨再把剩下的奶酪置于顶端以制作墨比耶奶酪。如今奶酪中一层黑色物质是无毒的蔬菜制品，只有装饰作用。这种奶酪为圆形，周边膨胀，中间有条黑色横沟，依制造方式有工匠、农庄、合作社和工厂4种。熟成期至少30天，通常会进行2个月。

天然湿润的淡褐色外皮

半硬的内芯呈象牙白至淡黄色；未煮，经压榨

⊖	直径30～40厘米，高6～8厘米
⚖	5～9千克
♣	每100克奶酪至少50克
☐	至少45%
✓	全年
🐄	生乳或杀菌乳
🍷	克雷皮，塞榭

弗朗什—孔泰（杜，汝拉）

摩代叶

MOTHAIS A 1A FEUILLE

这种农庄山羊奶酪有黏黏的外皮，以及风味柔和、入口即化的内芯。山羊奶酪的熟成窖通常比他种奶酪的熟成窖干燥且通风较好，不过这种奶酪却得在湿度达100％且毫不通风的窖里熟成3～4星期。奶酪置于栗叶或一般树叶上，以尽量保持湿润，每隔4～5天翻面一次。

湿熟成

外皮有天然霉

一般熟成

栗叶

柔软的内芯；未煮，未经压榨

⊖	直径10厘米，高3厘米
⚖	250克
☐	45%
✓	春至秋季
🐐	生乳
🍷	弗勒莉
🍷	玫瑰红香槟
☕	咖啡

普瓦图—夏朗德（德塞夫勒）

密霍
MUROL

这种工厂奶酪外皮上布痕明显，成熟时内芯为黄色，质地细致且很有弹性，气味和味道皆温和。密霍属于圣奈克戴尔奶酪（见224页），中央有洞（洞口挖下来的部分做成下图的密霍雷）。熟成期1个月。

直径12厘米，高4～5厘米
450～500克
45%
全年
杀菌乳
弗勒莉
玫瑰红香槟

密霍雷
MUROLAIT

这种奶酪是用上图的密霍奶酪挖出来部分所制成。

直径3.6厘米，高4.5厘米
50克

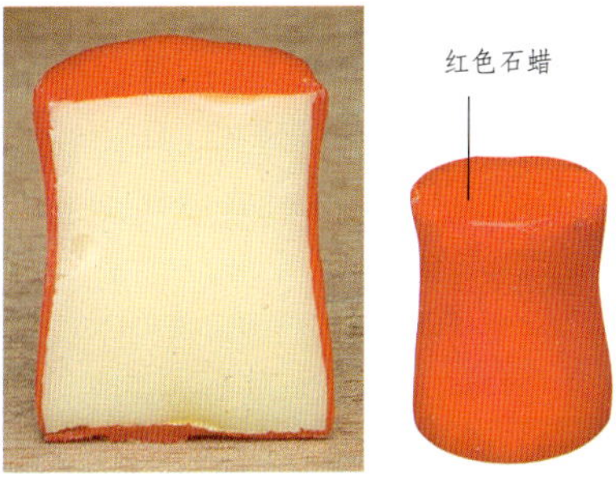

南特／神父
NANTAIS / CURÉ

这种奶酪除了上述的名称外，还有不少名字，包括南特神父（Cure Nantais）和南特地区奶酪（Fromage du Pays Nantais）。起初是圆形，由凡戴（Vendee）的本堂神父（cure）制造。后来在法国大革命时期，有位逃难的修士把这一奶酪引进原本欠缺奶酪的这个地区。奶酪的外皮光滑且湿，金黄色的内芯柔润，有一些气孔。这种风味强烈的奶酪采取小规模工厂生产，熟成期为1个月。

方形边长8～9厘米，高2.5～3厘米
170～200克
40%
全年
杀菌乳
麝香葡萄酒，大普隆

新堡 NEUFCHATEL（AOC）

这种奶酪有农庄、工厂和工匠3种，来自诺曼底北部布雷地区的新堡（Neufchâtel）。其年代最早可追溯至公元1035年，新堡附近的古奈城（Gournay）城主休格一世（Hugues I）将这种奶酪献给锡吉修道院（Abbey of Sigy）。巴黎人通过著名的美食指南《老饕年鉴》（*Almanach des Gourmands*，1803–1812），发现了这种奶酪。新堡距离巴黎仅132公里，地缘关系使得这种奶酪在首都更加普及。

奶酪的外皮干而光滑，一压就碎裂，结实但柔润的内芯经手指一按即凹陷。

新堡奶酪共有6种：圆柱形（bonde）和大圆柱形（double bonde），正方形（carré）；小砖块形（briquette）；以及心形（coeur）和大的心形（grand coeur）。

牛乳经凝乳后，熟成至少10天，通常持续3星期。奶酪慢慢长出优质的天然白霉，这层霉令奶酪风味尤佳，闻起来有明显的霉味。新堡的味道和脆皮且味美的面包十分搭配。

柔软、扎实且光滑的内芯，没有气孔；未煮，略经压榨

圆柱形的新堡奶酪

外皮“开花”（fleurie），意指外皮上覆盖着一层白霉花

正方形的新堡奶酪

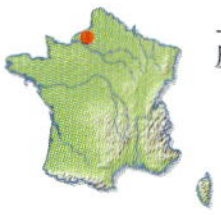

上诺曼底（塞纳滨海）；
皮卡第（瓦兹）

外皮有天然白霉

小的心形新堡奶酪

扎实未熟的核心

圆柱形：直径4.5厘米，高6.5厘米（100克）；大圆柱形：直径5.8厘米，高8厘米（200克）
正方形：边长6.5厘米，高2.4厘米（100克）
小砖块形：宽5厘米，长7厘米，高3厘米 （100克）
心形：宽10厘米，长8.5厘米，高3.2厘米（200克）；大心形：宽14厘米，长10.5厘米，高5厘米
每100克奶酪至少40克
至少45%，每100克奶酪至少18克
夏至冬季（生乳奶酪）；全年（杀菌乳奶酪）
生乳或杀菌乳
波美侯，圣爱美浓

AOC规定：新堡

1.沥干的凝乳必须搓揉至完全结合为一体。
2.凝乳中需加入一些已成熟且生霉的新堡奶酪。

AOC颁布于1977年

彭达／彭德／彭东

BONDARD / BONDE / BONDON

图中这个奶酪已熟成至恰到好处，有着光滑的白霉，形成厚厚的外皮。含脂量高，内芯入口即化，连皮一起吃时，在舌头上有刺刺的感觉，而且相当咸。奶酪依制造法有农庄和工匠两种，熟成需时 2 星期至 2 个月。

外皮有天然光滑的白霉

柔软的内芯；
未煮，未经压榨

直径5厘米，高8厘米
200克
50%～60%
夏至冬季
添加乳脂使乳更浓
买斯尼耶

上诺曼底（塞纳滨海）

aucisson aux Noisettes
Saucissons aux Noix
POL ROGER

法国奶酪

O-P

欧立维灰奶酪

OLIVET CENDRÉ

这种工匠奶酪产于卢瓦尔河畔的欧立维（Olivet），每逢 5 月、6 月，在丰沛牧草地上放养的牛生产香浓的牛乳，在这段时间内制造的奶酪，保存至收获季节，供应届时在田里和葡萄园里干活的大批人手食用。欧立维奶酪成熟得颇慢，通常是包在葡萄藤的灰烬里储存，内芯嚼着略有韧性，并带有一丝霉味。奶酪在灰烬中熟成至少需要 1 个月。

柔软的内芯；未煮，未经压榨

灰色外皮上有灰烬

直径10～12厘米，高3厘米
250～300克
40%～45%
全年
杀菌乳
松塞尔

中央区（卢瓦雷）

欧立维干草

OLIVET AU FOIN

这种奶酪新近才问市，是从上一种欧立维灰奶酪衍生出来的产品。白霉上附有一些干草，还有另一种外皮上覆盖着胡椒粒。

柔软的内芯；未煮，未经压榨

天然白霉的外皮上有一些干草

直径10厘米，高2厘米
250克
45%
全年
杀菌乳
松塞尔

中央区（卢瓦雷）

◀ 位于勃朗峰山脚下的小镇霞慕尼的一家熟食店，出售新鲜奶酪、肉制品和瓶装酒

高山放牧纯山羊奶酪

PUR CHEVRE D'ALPAGE

这种农庄奶酪来自阿哈维山脉（Aravis）的大伯南城（Grand – Bornand），该地位于阿尔卑斯山的边缘。在当地方言中，巴路斯（palouse）意指干碟子，这倒是颇符合这一奶酪的外形。奶酪是在夏季时分在山庄中制造，需熟成很长一段时间。在熟成阶段开始时，内芯需加压沥干，外皮则应用水洗，接着静置使霉自然生长，并让奶酪变干。熟成期在5～10个月之间。外皮硬如岩石，内芯干且粗，味道颇重。

⊖	直径16～19厘米，高3厘米
⚖	800克
⊐	未标明
✓	夏至冬季
🐐	生乳
🍷	侏罗黄酒，阿尔萨斯

罗讷河—阿尔卑斯（上萨瓦）

奥吉之石

PAVE D'AUGE

法国每个老城的中心区，通常都有间教堂，矗立在粗石铺的广场当中，这种石头叫做 pavés。图中的这种农庄或工匠奶酪，形状就像这种石头。内芯温和、柔润，含脂量相当高；干的或水洗式的外皮有点像主教桥奶酪（见 208 页）。如果你能找到在藏酪窖中摆了时间够久的农庄奥吉石奶酪，即可尝到用来制酪的诺曼底牛乳的上好品质。熟成期为 2～3 个月。

⬡	方形边长11厘米，高5～6厘米
⚖	600～800 克
⊐	50%
✓	夏至冬季
🐄	生乳或杀菌乳
🍷	奥吉区苹果酒
🍷	香槟

下诺曼底（卡尔瓦多斯）

普雷西之石

LE PAVÉ DU PLESSIS

奶酪的内芯用手指压下去时，会稍微反弹回来，因为其中布满了小洞。其味柔和，甜咸兼具。这种工匠奶酪来自诺曼底的普雷西制酪场（Fromagerie du Plessis），熟成期为 2 ~ 3 个月。

方形边长11～12厘米，高5厘米
500克
50%
全年
生乳
上梅铎，玛歌

鲁贝之石

PAVÉ DE ROUBAIX

鲁贝（Roubaix）位于法国北部，是个随纺织业而扩展的城镇。据说在纺织工人的餐桌上，必定看得见这种奶酪，它象征着财富。鲁贝之石奶酪外皮如石头般干硬，内芯呈胡萝卜橘色，和米摩雷特奶酪（见 58 页）的色泽一样。这是种工匠奶酪，需在温度 15℃的环境中熟成 1 年甚至 2 年，期间内需每月加以翻面并且刷一次。可惜的是，现在只有两三个人在制造，这一奶酪有濒临消失之忧。

宽13厘米，长27厘米，高8厘米
3.3千克
45%
全年
杀菌乳
班努斯（VDN）

色芬贝拉东
PÉLARDON DES CÉVENNES

这种未成熟的山羊奶酪来自朗格多克的色芬地区，在阿雷（Ales）附近，这个地区的小型山羊奶酪一律叫做贝拉东。这种奶酪几乎没有外皮，内芯扎实且有坚果味，酸度和咸味均衡得宜。风味饱满、丰润且奶味十足，余味无穷。奶酪分农庄和工匠两种，熟成需时2～3星期。这种奶酪正在申请AOC地位。

⊖	直径6～7厘米，高2～3厘米
⚖	60～100克
🥛	45%
✓	春至秋季
🐐	生乳
🍷	朗格多克－克雷耶特

高比耶贝拉东
PÉ1ARDON DES CORBIÈRES

这种农庄山羊奶酪也是贝拉东，来自地中海岸高比耶（Corbières）地区的拉格哈斯（Lagrasse）。奶酪在熟成1星期后，外皮已长出天然白霉，内芯很柔润。其味略酸，毫无甜味。这是种农庄奶酪，熟成1星期以上。

⊖	直径6～7厘米，高2厘米
⚖	70～80克
🥛	45%
✓	全年
🐐	生乳
🍷	鲁西永丘

萨瓦蓝纹奶酪：佩西耶 Persillé

萨瓦山区各地生产的蓝纹山羊奶酪，叫做佩西耶（persillé）。内芯当中的蓝色，来自一种非常细腻的天然霉，必须熟成至少3个月，肉眼才能看得到。这些奶酪或是纯由山羊乳制造，或是由不同种类的乳混合制造。

内有蓝霉的牛乳奶酪，一般称之为蓝纹奶酪（bleu），但有时也可叫做佩西耶，这要看霉菌在内芯中分布的状态而定。蓝霉像大理石纹般分布在内芯中的奶酪，称之为大理石（marbre）。如果蓝霉纹路明显，则奶酪被称做纹路（veiné）或有纹路的（veineux）。

塔杭戴斯佩西耶

PERSILLÉ DE LA TARENTAISE

来自萨瓦塔杭戴斯地区的这种农庄奶酪，有未成熟的山羊奶酪所具备的典型浓烈酸味。它有质地细致的白色内芯，带有蓝霉，但图中的这个奶酪还看不到。熟成通常需时一个半月，但亦可缩短。

- 直径6～8厘米，高6～8厘米
- 250～550克
- 45%
- ✓ 初夏最佳
- 生乳
- 克雷皮

上塔杭戴斯佩西耶

PERSILLÉ DE LA HAUTE – TARENTAISE

这种农庄奶酪在上塔杭戴斯（Haut – Tarentaise）制造，这里是伊塞尔河（River Isère）的源头，离瑞士边界仅1公里。熟成期为2～3个月。

- 直径9～10厘米，高8厘米
- 500～600克
- 未标明
- ✓ 4月至12月
- 生乳
- 克雷皮

提涅佩西耶

PERSILLÉ DE TIGNES

这种奶酪最早制于萨瓦的提涅村（Tignes），但在 1952 年时，村庄被一个人工湖淹没，后来另外盖了新的村子，这个奶酪即产自新村。右上图的奶酪较不成熟，味生且咸。随着奶酪越来越成熟，外壳逐渐转硬，内芯变干，味道变得辛辣，且容易碎掉。据说奶酪外壳呈芥末色，是因为山羊吃的草是长在含有硫黄的土地上。这种农庄奶酪熟成期为至少一个半月。

熟成一个半月

熟成6个月

直径9.5～11厘米，高9～10厘米	
680～975克	
未标明	
夏季最佳	
生乳	
克雷皮	

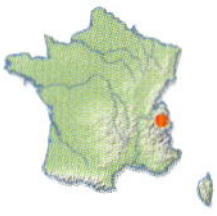

塞诺兹佩西耶

PERSILLÉ DU SEMNOZ

这种农庄奶酪如石般坚硬的外皮，是由淡褐色的霉所形成。其内芯颜色灰黄，带有图示奶酪尚看不出的蓝霉。黏黏的质感，显现其原料乳的品质，通常是山羊乳和牛乳各用一半。熟成期为 1～2 个月。

直径9～11厘米，高6厘米	
400～450克	
45%	
4月至12月	
生乳	
生乳	
克雷皮	

罗讷河辛香奶酪：皮科东 Picodon

皮科东

PICODON (AOC)

皮科东(Picodon)地区横跨在罗讷河两岸，东岸是多洛姆省(Drôme)，西岸为阿尔代什省(Ardèche)。这种奶酪的名字来自古老的欧克方言(Langue d'Oc)，意为辛香。

罗讷河下游地区气候干燥，满山遍野都是气息和味道强烈的绿草和灌木，长得又短又浓密。在山区放牧的山羊无所不吃，包括树叶和嫩枝，它们产的乳即是这种辛香奶酪的原料。奶酪内芯很柔软，要充分品尝所有的滋味，最好的办法就是用力吸吮。

贝拉东奶酪(见203页)常被错认为皮科东奶酪，这不足为奇，因为两者名称相近，而且都是南部的高山奶酪，样子像石头，重量均不足100克。奶酪依制造方式有农庄、工匠和工厂3种，自凝乳日算起，需熟成至少12天，不过一般达3～4星期。AOC规定不得添加浓缩乳或奶粉、乳蛋白和冷冻凝乳。

成熟的阿尔代什皮科东奶酪

很熟的阿尔代什皮科东奶酪

尚未成熟的阿尔代什皮科东奶酪

多洛姆皮科东奶酪

直径	直径5～8厘米，高1～3厘米
重量	50～100克
固形物	每100克奶酪至少40克
脂肪	至少45%，每100克至少18克
季节	全年；春至秋季（农庄奶酪）
乳	全脂乳
酒	丽维萨特（VDN）

普罗旺斯—阿尔卑斯—蔚蓝海岸（阿尔代什）；朗格多克—鲁西永（多洛姆）

这两页图示的皮科东奶酪展现了这种奶酪不同的外观和滋味。

1. 阿尔代什皮科东
(Picodon de l'Ardèche)：
这一奶酪重 55 克。

2. 阿尔代什皮科东
(Picodon de l'Ardèche)：
熟成 4 星期后，重仅 40 克。内芯黏，闻来有干干的霉味，酸度得当。

3. 阿尔代什皮科东
(Picodon de l'Ardèche)：
重 60 克，味酸且咸，尚需再熟成 1 星期。

4. 多洛姆皮科东
(Picodon de la Drôme)：
重 45 克，咸甜融合，稍有酸味。

5. 克黑斯特皮科东
(Picodon de Crest)：
用很浓的上等原料乳制成，咸、甜、酸味混合适中，重 60 克。

6. 狄俄勒菲皮科东
(Picodon de Dieulefit)：
这个尚未成熟的奶酪重 90 克，有白霉和柔软的内芯。

7. 狄俄勒菲皮科东
(Picodon de Dieulefit)：
这一奶酪已缩成其原先的一半大小，重仅 40 克。外皮硬且染上霉的颜色。当奶酪入口徐徐融化时，普罗旺斯的阳光、香草与绿茵的芳香，都在口中散发开来。

8. 多芬皮科东
(Picodon du Dauphiné)：
这一奶酪已很成熟。

9. 橄榄油渍泡皮科东
(Picodon à l'huile d'olive)：
泡在月桂叶和橄榄油中腌渍而成。

AOC规定：皮科东

1. 原料乳限用少量凝乳素使之凝结（禁用浓缩乳、奶粉、乳蛋白和冷冻凝乳）。
2. 限用干盐（细盐或半粗的盐）调味。
3. 标签上可以有AFFINAGE METHODE DIEULEFIT字样，这一熟成法为用手沾水搓揉奶酪表面，接着把奶酪置于加盖的陶土罐里超过1个月，使之成熟、变软。

AOC颁布于1983年

克黑斯特皮科东

柔软、未成熟的奶酪

未成熟的狄俄勒菲皮科东

奶酪成熟时，内芯变得硬且易碎裂

相当成熟的狄俄勒菲皮科东

多芬皮科东

橄榄油渍泡皮科东奶酪

主教桥

PONT – L'EVÊQUE (AOC)

这种水洗式奶酪可能是现今仍在制造的最古老的诺曼底奶酪。有人说，主教桥奶酪源自一所修道院，但这种说法始终没有佐证。12 世纪的文献说："一顿可口的餐食必定以'天使点心'(dessert d'angelot)作为结束。"天使点心可能就是主教桥的古名。17 世纪时，在主教桥村制造的奶酪运销法国各地，很受欢迎。制造一个重 300 克至 400 克的主教桥奶酪，需要 3 升的牛乳。外皮经水洗后，湿润且呈赭色；内芯为乳黄色，质地细致且光滑，用手指按下去会凹陷，但并无弹性、随着奶酪愈来愈成熟，外皮也愈来愈黏，而且会变红，内芯中遍布小小的气孔。再进一步熟成后，内芯切开时,其中的脂肪会闪烁发亮，尝起来隐隐有甜味，久久不散。熟成期间经过翻面并以水洗的奶酪性质偏浓烈，但是较不成熟的奶酪并没有这种成熟洗练的风味。

主教桥奶酪有农庄、工匠、合作社和工厂等种类，不过在 1991 年生产的 3421 吨的奶酪中，只有约 2%(8 吨)是农庄奶酪。熟成需在 AOC 载明的特定地区进行，自生产日算起为期至少 2 星期，但是通常会熟成 6 星期，奶酪在这期间需以水刷洗并翻面。

方形边长 10.5～11厘米，高3厘米
350～400克
每个奶酪至少140克
45%，每个奶酪至少63克
全年
生乳或杀菌乳
恭得里奥
苹果酒

下诺曼底（卡尔瓦多斯，芒什，奥恩）；上诺曼底（厄尔，塞纳滨海）；卢瓦尔河地区（梅茵纳）

AOC规定：主教桥

1. 凝乳必须分离、搓揉并沥干。
2. 有 3 种不同尺寸——小型(PETIT – PONT – L'EVEQUE)：边长 8.5 ～ 9.5 厘米，每个奶酪的纯酪量至少 85 克。二分之一(DEMI – PONT – L'EVEQUE)：10.5 ～ 11.5 厘米 ×5.2 ～ 5.7 厘米，每个奶酪的纯酪量至少 70 克。大型(GRAND – PONT – L'EVEQUE)：边长 19 ～ 21 厘米，每个奶酪的纯酪量至少 650 ～ 850 克。

AOC 颁布于 1976 年

沙吕港 PORT – SALUT

这种奶酪和莒沙吕港奶酪（见下图）相关，两者常混淆。此种奶酪产于法国西北部马耶讷省（Mayenne）的安坦姆（Entrammes）。此种奶酪的外皮有点湿，色泽不均，有制造过程中覆盖奶酪的布留下的规律痕迹。略带气味，内芯在手指按压下呈现弹性，切时会粘刀。色泽如鲜乳脂，软而柔润，带一点酸味，且略有后味。熟成期为 1 个月。

水洗式外皮以β胡萝卜素染色

半硬的内芯；未煮，经压榨

- 直径20厘米，高4厘米
- 1.3~1.5 千克
- 50%
- 全年
- 杀菌乳
- 希浓，布歌伊

卢瓦尔河地区（马耶讷）

莒沙吕港／安坦姆

PORT – DU – SALUT ／ ENTRAMMES

这种奶酪最早约于 1830 年在一所修道院制造，制法后来传到其他修道院。1959 年莒沙吕港奶酪（上栏）开始生产。有少数修士继续制作正宗的莒沙吕港奶酪，根据莒沙吕港修道院旧址所在的地名，将之取名为安坦姆。熟成期至少 1 个月。

- 直径10厘米，高4厘米
- 300克
- 40%~42%
- 全年
- 杀菌乳
- 希浓，布歌伊

卢瓦尔河地区（53）

水洗式外皮

未煮，经压榨

皮蒂维耶干草

PITHIVIERS AU FOIN

这种奶酪制于皮蒂维耶（Pithiviers）附近的小镇彭塔华（Bondaroy）。过去农民趁夏季牛乳盛产时期制造这种奶酪，然后储藏在干草堆里。而今全年皆可制作。奶酪的外皮为白色，微微散发着霉的气味。熟成期为 3 个星期。

- 直径10~12厘米，高2.5厘米
- 300 克
- 45%
- 全年
- 杀菌乳
- 希浓，布歌伊

中央区（卢瓦雷）

柔软的内芯；未煮，未经压榨

外皮有天然霉和干草

法国奶酪

R

哈葛莱特

RACLETTE

这种萨瓦奶酪又称削刮奶酪，有圆形亦有正方形。名称源自 racler，意指“削刮”，形容山区居民调理与食用这种奶酪的传统方法。奶酪切好一块后，又在烤肉上加热使之融化，然后用刀把融化的奶酪削刮下来，通常配上连皮煮的马铃薯和泡菜一起吃。内芯有点硬，但遇热融化得很好，温热时带有淡淡的霉味，味道饱满且乳味十足。这种奶酪有工匠和工厂 2 种，熟成至少需 8 星期。

白色至淡黄色的内芯，有小孔；柔润而结实；未煮，经压榨

薄薄的外皮呈金黄至淡褐色，侧边无皮

直径28～36厘米，高5.5～7.5厘米
边长28～36厘米，高5.5～7.5厘米
4.5～7千克（两种形状）
每100克奶酪至少53克
至少45%，每100克至少23.85克
全年
生乳或杀菌乳
萨瓦酒，上伯恩酒

法国全境

◀ 朗德地区的这些山羊所产的大量羊乳被用来制作侯格堡奶酪

萨瓦的山间小村有着悠久的制作奶酪（如霍布洛雄）的传统

萨瓦霍布洛雄/霍布洛雄

REBLOCHON DE SAVOLE/REBLOCHON(AOC)

这种萨瓦的高山奶酪最显著的特色为新鲜、不很熟以及柔嫩。名称衍生自 reblocher 这个动词，意即“再捏一次牛的乳房”，因为霍布洛雄奶酪的原料乳为第二次从丰厚、贝利亚山和塔林种乳牛挤出的较浓稠的牛乳。

这种奶酪比例匀称，外皮薄、紧且光滑如丝绒，呈橘黄或粉红色。外皮的霉散发清新的芳香，内芯湿润、滑顺、柔软且油润。其风味在口中散开来，留下细腻的坚果后味。

依制造方式有农庄（有时是在山庄里制作）、合作社或工厂 3 种，从生产日算起熟成至少 2 星期（通常会达到 3～4 星期）。熟成窖温度必须在 16℃以下。尺寸有一般规格和小型（Petit Reblochon）2 种。

在托农班（Thonon-les-Bains）买到的霍布洛雄奶酪

黄至橘色的水洗式外皮，有天然的白霉

滑顺柔软的内芯为象牙白色；未煮，略压榨

在巴黎买到的霍布洛雄奶酪

- 直径9～14厘米，高3～3.5厘米
- 240～550克
- 每100克奶酪至少45克
- 至少45%；每100克奶酪至少20.25克
- 从夏季开始（农庄和山庄制造的奶酪）
- 全脂生乳
- 萨瓦酒，波玛

AOC规定：霍布洛雄

1. 牛乳一旦挤出后，必须尽快送至制造场所。
2. 必须在最后一次挤乳的24小时内添加凝乳素。
3. 农庄种类奶酪必须镶上嵌入式的绿标签。

AOC颁布于1976年

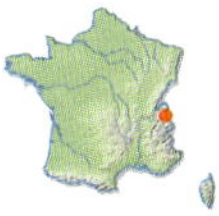

罗讷河—阿尔卑斯（萨瓦,上萨瓦）

希高特 Rigotte

一般认为早在古罗马时代，人们就已经在制造一种很像希高特的奶酪。

在伊塞尔、罗讷河和卢瓦尔河一带，当地人把奶酪叫做希高特，这类奶酪的名字即由此而来。这个名字可能衍生自法文中的 recuit 和意大利文中的 ricotta，两者的意义皆为“再煮一次”。不过，虽然字源如此，希高特奶酪却并非由再煮一次的乳清所制造，这一方式多半用来制作乳清奶酪（见 148 ~ 149 页）。希高特奶酪以前含脂量不高，如今含脂量却保持在 40%~ 45%之间。希高特奶酪大多数是在工厂或工匠作坊制造，差不多一向只用牛乳，在上市于商店或市场销售前，通常会让奶酪先沥干 1 星期。通常是趁摸起来结实但内里仍软，且略带辣味时食用。

艾夏拉希高特

RIGOTTE D'ECHALAS

这种工匠奶酪来自里昂地区的艾夏拉（Echalas），最适合配上烤过的吐司食用。图示的奶酪外皮刚成型，含脂量几乎达 50%，这使得奶酪颇为滑顺。熟成期至少 2 星期。

⊖	直径5厘米，高4厘米
⚖	85克
🄳	50%
✓	全年
🐄	杀菌乳
🍷	勃艮第

圣克仑勃希高特

RIGOTTE DE SAINTE – COLOMBE

这种工匠奶酪来自萨瓦的圣杰尼克斯须盖叶（Saint-Genix-sur- Guiers），应趁尚未成熟时吃。图示的奶酪外皮尚未完全成形，黄色的内芯丰润、质地细致且滑顺，稍微有点酸。熟成期至少 15 天。

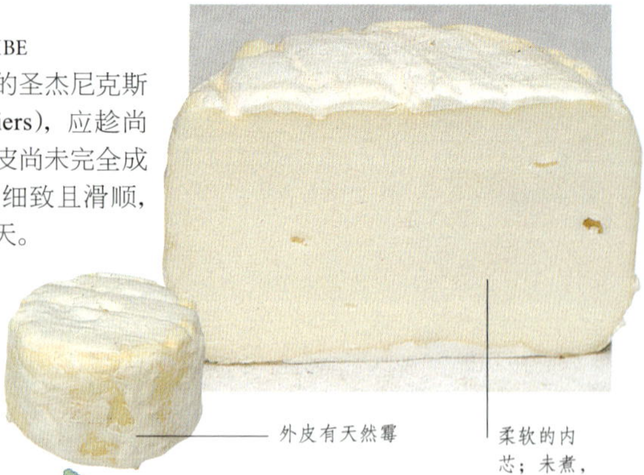

⊖	直径5厘米，高3.5厘米
⚖	60 ~ 80克
🄳	50%
✓	全年
🐄	杀菌乳
🍷	萨瓦酒，上伯恩丘

恭得里奥希高特

RIGOTTE DE CONDRIEU

这是来自里昂的农庄奶酪。大多数的希高特奶酪是用牛乳制造，但这种奶酪却用纯山羊乳制作，相当罕见。内芯质地细致，味道浓重，带有细腻的蜂蜜和刺槐香。熟成期可达 3 星期，不过这种奶酪亦可趁新鲜食用。

外皮有天然霉

柔软的内芯；未煮，未经压榨

新鲜的白奶酪

直径4厘米，高1.5～3厘米
30克
45%
春至秋季
全脂生乳
恭得里奥

罗讷河—阿尔卑斯（罗讷河）

阿尔卑斯希高特

RIGOTTE DES ALPES

这种来自多芬的工厂奶酪味略酸但可口，浸在白葡萄酒里数天后，会出现新的滋味。食用这种奶酪一定要佐以葡萄酒，或可洒上新鲜研磨的胡椒。熟成期至少 10 天。

直径4厘米，高3.5厘米
50克
45%
全年
杀菌乳
克雷皮，塞榭

罗讷河—阿尔卑斯（伊泽尔，罗讷河）

柔软的内芯；未煮，未经压榨。几乎无外皮；外缘用胭脂籽染色，黄中带红

侯格堡

ROQUEFORT（AOC）

据说像侯格堡这样的奶酪可追溯至古罗马帝国皮理尼（Pliny）的时代，在皮理尼公元79年的著作中便已提及。1411年，查理六世颁授专利权给侯格堡居民，特准他们遵循其几百年来的传统，在洞穴里熟成这种奶酪。此奶酪在1925年获得AOC地位，是法国首获这一地位的奶酪，然而没过多久就出现了仿制品。

法律保障

1961年，米尧（Millau）地方的大法院裁决，虽然法国南部许多地区皆可生产这种奶酪（确切省份参见下方地图），但是只有在苏勒松河畔侯格堡（Roquefort-sur-Soulzon）市镇之康巴卢山（Mont Combalou）天然洞穴中熟成的奶酪，才准叫做正宗的侯格堡奶酪。这样一来便遏制了仿冒，从而建立起现代的专利事业。

外观和风味

侯格堡和斯地顿（Stilton）以及葛龚左拉（Gorgonzola）同为世界三大蓝纹奶酪。其风味清新有劲，味道颇咸，和原料乳的甜味迥然不同。内芯湿且易碎裂，应用温热过的刀子切割。这种奶酪入口融化，散发可口的霉味和咸味；成熟的奶酪风味极为强劲。侯格堡奶酪和意大利面以及沙拉很搭配；它丰润且有辛香味，最适合在餐后配上一瓶梭甸（Sauternes）白葡萄酒食用，比方在吃过鹿肉之后。尚未成熟的侯格堡奶酪可搭配丽维萨特的麝香葡萄酒（Muscat de

直径19～20厘米，高8.5～10.5厘米

2.5～2.9千克

每100克奶酪至少56克

至少52%，每100克奶酪至少29.12克

全年

全脂生乳

梭甸，班努斯（VDN）

阿基坦，中比利牛斯，朗格多克—鲁西永，普罗旺斯—阿尔卑斯—蔚蓝海岸，科西嘉

湿润、柔软、象牙白和蓝纹的内芯，手指一压即碎裂；未煮，未经压榨

不同的外观

图示3种侯格堡奶酪的制造者不同，奶酪的色泽和质地就会有所不同。

Rivesaltes），并附上葡萄干面包。成熟的灰蓝纹侯格堡则宜配鲁西永的天然甜白酒班努斯。

制造和熟成

现今每年约有 330 万个奶酪在苏勒松河畔侯格堡市镇熟成，侯格堡奶酪仅次于孔泰，是法国第二受喜爱的奶酪。有大约六成的侯格堡奶酪由一个团体所制造，即奶酪窖和制造者协会（Société des Caves et des Producteurs Reunis）。侯格堡有工匠和工厂 2 种，并无农庄奶酪。所有冠上侯格堡之名的奶酪，均在 AOC 界定的天然洞穴中熟成至少 3 个月，但通常熟成期达 4 个月，最多可延长为 9 个月。尚未成熟的奶酪霉呈淡绿色，愈熟则霉色先是变蓝，随后变灰，灰蓝色的小气孔亦开始成形。这种奶酪如果放很久，则会变得全都是霉。

由奶酪窖和制造者协会制造的奶酪

熟成10天

熟成1个月

熟成3个月

熟成6个月

AOC规定：侯格堡

1. 制造者在母羊生产羔羊的20天内，不得运送原料乳。
2. 在最后一次挤奶的48小时内必须加凝乳素。
3. 制酪的专用霉菌——侯格堡青霉菌，必须在法国境内，利用特定地区天然洞穴内的微型气候来制造。
4. 必须用干盐来调味。
5. 制造者必须备好登记簿供管制人员查阅，上面逐日记载制造者运送的原料乳量，以及制造出的奶酪重量和数量。
6. 从奶酪送进洞穴至上市销售，侯格堡奶酪的一切熟成和包装过程皆必须在侯格堡进行。在售出奶酪前储藏未售奶酪的冷藏室，也必须在侯格堡市镇内。

1925年颁布原始法令后，
1979年全面获颁AOC地位

侯格堡奶酪的家

侯格堡奶酪的诞生地在康巴卢这座白垩山上，山顶平坦，山侧微微隆起，像个马鞍。侯格堡村高悬在北边的山崖上，村子有三分之二凿山而建。

史前时代的水侵蚀作用让山壁部分崩塌，这样的地质意外发生了 3 次；第三次时在山的残壁上打开了许多洞穴。洞穴里垂直的断层和裂缝形成天然的通风管道（fleurines）。这些像烟囱和风孔的孔道有的高达 100 米，使洞穴得以和外界通风。洞穴里的温度维持在 9℃，湿度 95%，形成庞大的储藏空间。

温度和通风

冬季当洞外温度低时，洞内的暖空气借由风孔排出，在洞里熟成的新鲜奶酪愈多，则洞内温度愈高。夏季当洞外的温度高出洞内时，北面山崖的屏障促使热空气变冷，下降到泥泞的碎石堆，在这里变湿，由洞穴的风孔吸进洞里。通风管隧道从而提供了颇为繁复的通风系统。由于洞壁上附着有微小的奶酪碎层，霉菌因而会自然发生自体播种的过程，成为侯格堡青霉菌和酵母生长的温床。当风穿过通风管道时，空气中弥漫霉菌的孢子。

——摘自侯贝·欧席巴勒 [Robert

洞穴
在地底下的这些隧道像迷宫一样，自 17 世纪以来就没有多大改变，深达 11 层楼。约 100 年前，这里架设了电灯。洞穴里面又黑又冷，除了主隧道外，山壁上的岩石不湿不潮，有条贯通的通风管输送湿润的空气。

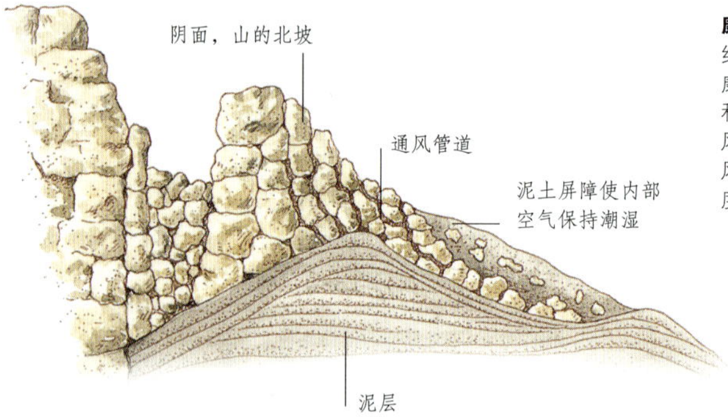

康巴卢山横断面
经过几千年流水的腐蚀，康巴卢山形成了许多断层和裂缝，成为天然的“通风管道”（见左图）。通风管道下的泥层使空气湿度维持在95%。

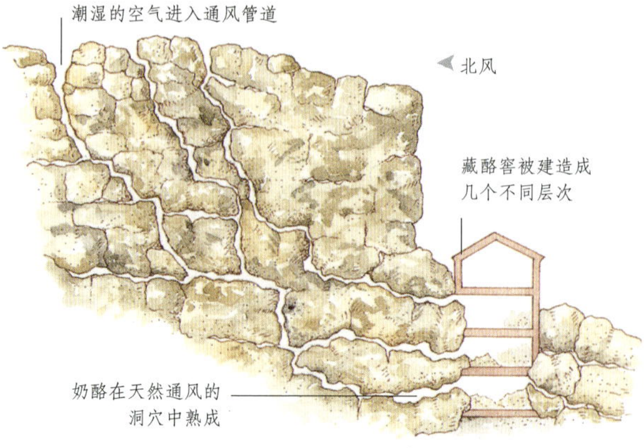

通风管道横断面
通风管道就像烟囱，在隧道间形成复杂的通风系统。侯格堡青霉菌被气流裹挟弥漫于洞穴中，这一天然环境是世界上独一无二的。

Aussibal] 所著《侯格堡的多石王国》[Rocailleux Royaume de Roquefort，1985]）。

主藏酪窖

绵羊一面吃着草，一面被挤乳器挤奶

侯格堡青霉菌

只有在侯格堡的山洞里才能找到的青霉菌（Penicillium roqueforti），称为侯格堡青霉菌，它生存在泥土里，促使奶酪发酵。一般的做法是在生长霉菌的地方置放面包，以收集霉菌——把经过特别烘焙的黑麦和小麦长圆形面包，放在弥漫着霉菌孢子之处，过了 6 ~ 8 星期，面包从里到外都长满了霉，然后把面包外皮丢弃，其余的面包屑弄干，凡是坏的霉菌皆必须丢掉。

白色奶酪在制造出来的 8 天后送至洞穴，并用针戳刺。发酵产生的二氧化碳自内芯流出，含有霉菌孢子的空气流进内芯，霉菌成倍地生长，直到布满内芯，且分布大致平均。接着用铝箔纸包裹奶酪，防止奶酪接触空气，产生坏霉。如此形成一个有利霉菌生长的人工环境，奶酪送抵洞穴后，需包裹 4 星期。

侯格堡奶酪的绵羊

根据 1925 年 7 月颁布的一项法令，侯格堡奶酪只能用绵羊乳制造，之前原本准许用少量的牛乳或山羊乳。制造 1 千克的侯格堡奶酪需要 4.5 升的乳，原料乳的绵羊种类有拉寇尼（Lacaune）、马奈克（Manech）、巴斯寇－皮内兹（Basco-Bearnaise）和一种科西嘉的绵羊。一头好绵羊在六七个月期间，可产 200 升左右的乳，可以制造 45 千克的侯格堡奶酪。

由于 20 世纪初格堡奶酪的需求量增加，产乳区扩大至比利牛斯山和科西嘉。1930 年，绵羊乳业者和侯格堡奶酪制造业者联手把“红母羊商标”（Label de la Brebis Rouge）注册在案，这意味着有关草料和乳质等项目的最低标准因而确定。最早的挤乳器出现在 1932 年，每位农民用手替绵羊挤奶的最高数字，从每天 20 头羊增为 40 头羊。如今，一个人在一小时内即可挤 300 头绵羊。卫生状况亦已改善，羊乳可自动输送到桶内。

法国奶酪

S

圣马瑟林

SAINT – MARCELLIN

来自多芬地区的这种小型奶酪味道温和，酸、咸兼具。随着奶酪从新鲜逐渐变干且成熟，奶酪愈来愈有风味。圣马瑟林奶酪如今通常用牛乳制造，不过起初用的是山羊乳。制造方式有农庄、工匠和工厂 3 种，熟成期为 2 ～ 6 星期。

尚未成熟的圣马瑟林

新鲜的圣马瑟林

很成熟的圣马瑟林

风味细致的成熟奶酪

⊖	直径7厘米，高2～2.5厘米
⚖	至少80克
∴	每100克奶酪至少50克
◻	至少40%，每100克奶酪至少20克
✓	全年
🐄	生乳或杀菌乳
🐐	生乳或杀菌乳
🍷	冯度丘，吉恭达思，教皇新堡

罗讷河—阿尔卑斯（多洛姆，伊泽尔）

◀ 如画的高山小镇柯登

风味浓重、成熟的干奶酪

成熟的圣马瑟林

用棕榈绳绑起来，一次可提起一个以上的奶酪

金黄带橘色的外皮上有天然霉

纯白的细致内芯

山羊乳制成的圣马瑟林

勒毕舒

LE PICHOU

这种特制的工匠奶酪是把圣马瑟林奶酪浸渍在放了大量普罗旺斯混合香草的葡萄籽油中制成。味道强烈且咸、略酸，配上面包味道尤其美。

罐装出售	
50%	
全年	
杀菌乳	
罗讷河丘	

罗讷河—阿尔卑斯（伊泽尔）

勒毕舒

圣奈克戴尔

SAINT – NECTAIRE（AOC）

如同康塔尔奶酪（见 94 页）和萨雷奶酪（见 96 页），这种典型的奥弗涅奶酪亦是由塞纳克戴元帅（Marechal de Sennecterre）带去献给法王路易十四。外皮灰中带紫，分布着白、黄、红的霉痕；内芯柔润，质地细腻，在舌头上有沉重的质感，咬下去时有韧性。在口中会融化，散发出微微的酸味，尝来亦有混合良好的咸味、核桃味、铜臭味和辛香味。

土地、野草和萨雷牛的丰润乳汁，都左右了这奶酪复杂的滋味；用杀菌乳制造的圣奈克戴尔奶酪，则没有组合得如这般怡人的风味。这种奶酪要完全成熟方宜食用，熟成期为 5 ～ 8 星期。如果熟成期不够长，气味和味道便无法充分发挥。

圣奈克戴尔奶酪有项特色是它那独特的气味，可以用“陈旧”来形容，包含湿暗的地窖味、黑麦杆味（奶酪乃置放其上熟成）和霉味。

依不同的熟成度，外皮上有白、黄或红的天然霉

半硬的内芯；未煮，经压榨

熟成仅过6星期

⊖	直径21厘米，高5厘米
⚖	约1.7千克小型圣奈克戴尔
⊖	直径13厘米，高3.5厘米
⚖	600克
♣	成熟奶酪每100克至少52克；新鲜奶酪每100克至少48克
☐	至少45%，每100克至少23.4克
✓	夏季最佳（农庄奶酪）；全年（工厂奶酪）
🐄	生乳或杀菌乳
🍷	圣爱斯台夫

奥弗涅（康塔尔，多姆山）

品质标记

嵌入式的农庄圣奈克戴尔奶酪标签，注明省份编号（63），以及制造者代码（RG）和市镇（Y）。

AOC规定：圣奈克戴尔

1. 新鲜奶酪在入熟成窖前可以冷冻；必须在12℃以下解冻。
2. 外皮可用E153、E160、E172和 E180等色素来染色。
3. 嵌入式的绿色椭圆形标签必须注明Saint–Nectaire Fermier字样和农庄奶酪产地注册号码。工厂奶酪的标签则为正方形。
4. 圣奈克戴尔奶酪的所有熟成师傅皆必须向管制委员会报到。

AOC颁布于1979年

如何制造圣奈克戴尔奶酪

产自奥弗涅的圣奈克戴尔奶酪依制造方式分农庄、合作社和工厂3种，凝乳和熟成必须在特定地区（康塔尔和多姆山）进行，环境温度6℃～12℃、湿度近100%。在制造圣奈克戴尔的农庄里，早上和晚上挤乳后即必须立即开始制酪，制造一个奶酪约需15升的乳。

凝乳

乳加热至31℃～33℃，原乳添加凝乳素后，静置约1小时。温度和静置期长短视天气状况和乳量而定。凝乳磨成小麦粒般大小，倒弃乳清。最后，把凝乳聚拢成一大团，叫做铎姆（tomme）。

塑型和加压

把铎姆切成约2厘米见方的小立方块，用手填压入模具内。把4～6个模具叠在一起，接着加压，乳清弃置不用。把奶酪取出模具，嵌上嵌入式的标签。接下来，奶酪撒上盐调味，放回模具里，再加压12小时。取出奶酪，移至温度9℃～12℃的干燥室，置放2～3天。

熟成

奶酪移入温度9℃～11℃、湿度90%～95%的藏酪窖中，放在黑麦秆上。两三天后以盐水洗之，8天后再洗一次。经过1～2星期的熟成，送去给熟成师傅。仅5%的圣奈克戴尔奶酪在农庄里熟成。熟成时间至少3～8星期，到奶酪表面长满红色或黄色的霉为止。

熟成1星期

熟成近1个月

在黑麦秆上熟成10星期

白、黄和红色的霉

圣保林

SAINT – PAULIN

有不少奶酪仿效莒沙吕港奶酪（见 209 页）而制造，这是其中一种。以前仅限在修道院中制作，如今在布列塔尼和梅纳都有私人公司制造大型的和小型的圣保林奶酪，工匠和工厂种类皆有。圣保林是率先利用杀菌乳制造的奶酪，时为 1930 年左右。图中所示以生乳制造的奶酪，则直到 1990 年才开始生产。外皮薄且湿润，内芯柔嫩带有甜味和隐约的咸味。熟成期为 2 ～ 3 星期。

⊖	直径20厘米，高4～6厘米；直径8～13厘米，高3～4.5厘米（小型）
⚖	1.8～2千克；500克～1.5千克（小型）
⁂	每100克奶酪至少44克
	至少40%，每100克至少17.6克
✓	全年
	杀菌乳
	年份新且带果香的波尔多

法国各地

像Entrammes这样的许多修道院都与莒沙吕港及圣保林奶酪有着密切关联

勒圣威诺克

LE SAINT – WINOC

这种农庄奶酪的名称源自法国最北部的圣威诺克（Saint-Winoc）修道院，它以前就是在此处制造；如今，狄格拉芙夫人（Mme Degraeve）可能是该地唯一继续制作这种奶酪的人。奶酪外皮用啤酒洗过，有点湿润，内芯用手指一压即凹陷，但会缓缓恢复原状。图示的奶酪还很不成熟，经过进一步熟成后，其滋味和气味都会变得辛辣，呈现啤酒洗式奶酪的特征。熟成期至少为3星期。

直径9～11厘米，高4厘米	
300～350克	
未标明	
全年；春至秋季最好	
生乳或杀菌乳	
当地啤酒	
阿尔萨斯气泡酒	

苏曼特兰

SOUMAINTRAIN

这种产自勃艮第的奶酪有农庄、工匠和工厂3种，内芯清淡，质地如乳脂一般，通常是趁尚未成熟时吃。其熟成法和艾波瓦塞奶酪（见166页）和朗格勒奶酪（见186页）相似，通常需时6～8星期，期间奶酪需用盐水洗。

直径10～13厘米，高3～4厘米	
350克；新鲜奶酪为550克	
45%	
春至秋季	
生乳或杀菌乳	
勃艮第酒渣白兰地	

LA TOMME A L'ACCENT
L'AÏL
TOMME DE SAVOIE
48% M.G
€: 13.71 LE KG

法国奶酪

T

塔米埃

TAMIÉ

塔米埃修道院于1131年时在萨瓦的波吉（Bauges）地区创建。这是一家古老的修院，苦修会（Trappist）修士至今仍在院中制造奶酪。塔米埃奶酪外面包裹着蓝纸，纸上有白色的马耳他（Malta）十字架图样。这是种温和的奶酪，和霍布洛雄奶酪（见213页）为同一家族。其制造方式限于工匠法单种，熟成需时至少1个月，期间奶酪每星期需用盐水洗2次。

半硬的内芯；未煮，经压榨

湿润、粉红色的水洗式外皮

直径18～20厘米，高4～5厘米	
1.3千克；500克	
50%	
全年	
全脂生乳	
萨瓦胡榭特	

罗讷河—阿尔卑斯（萨瓦）

铎姆或多姆 TOMMES OR TOMES

在小农场上制造的小型奶酪，通称为铎姆（tomme）或多姆（tome），这个词有两种拼法，其字源可能是希腊文的“tomo”和拉丁文的“tomu”，意为“一片”或“一块”。这种奶酪在法国各地区都找得到，制造时需要的乳不多，无法保存很久，不过很便于销售。铎姆奶酪可用牛乳、山羊和绵羊乳制造，也可混用不同的乳。尺寸通常为小型至中型，形状为圆形。有的内芯未经加热，但经过加压，因此有弹性；也有的柔软而新鲜。最着名的铎姆奶酪可能是用牛乳制的萨瓦铎姆，在萨瓦和比利牛斯山地区也有山羊乳的铎姆奶酪。接下来的篇幅将详述法国许多种不同的铎姆奶酪。

萨瓦铎姆

◀ 普罗旺斯一处市场上出售的令人垂涎的铎姆及其他奶酪

萨瓦铎姆 Tomme de Savoie

图示为各种萨瓦铎姆奶酪，依制造方式有农庄（有时在山庄内制造）、工匠、合作社和工厂4种，熟成期至少4星期。虽然大多数萨瓦铎姆含脂量已经颇低，但是仍有一种特别低脂、含脂量仅5%的脱脂萨瓦铎姆（Tomme de Savoiemaigre）。本页下亏的老铎姆（Vieille Tomme），是一种熟成时间非常久的萨瓦铎姆，外皮和内芯都布满了孔，奶酪已快要碎裂。除了图示的萨瓦铎姆奶酪外，还有一种名叫萨瓦标志铎姆（Tomme Label Savoie）的奶酪，后者的制作规定和AOC一样严格且明确，熟成期至少6星期。

萨瓦铎姆

TOMMEDESAVOIE

萨瓦铎姆是一个通称，通常附有生产村庄的名字。据说萨瓦的铎姆奶酪种类之多，不亚于这个地区的山岳和河流数目。这些奶酪的外皮又硬又灰，上面有黄色或红色的霉纹。内芯带黏性，嗅来有地窖气味和霉味，滋味却比想象中柔和许多。制于高山的铎姆奶酪经过压榨，以尽量去除水分，如此可保存较久，内芯也因此变得结实、硬且有弹性，有小气孔。如果乳量不够制作像伯堡（见48页）那样的大型奶酪，往往改制成铎姆。原料乳先用来制成奶油和乳脂，剩下来的脱脂乳则用来制酪。因此铎姆传统上为低脂奶酪（含脂量20%~40%），不过如今全脂的铎姆亦颇常见。有些萨瓦铎姆具有地区性品质保证——所谓“萨瓦标志”（Label Savoie）——标签上为4颗红心。萨瓦铎姆目前正在申请AOC地位。

老铎姆

半硬的内芯；未煮，经压榨

低脂的萨瓦铎姆：含脂量30%

外皮干且硬，有灰色天然霉，上面有红痕和黄痕

脱脂萨瓦铎姆：含脂量5%

- 直径18~30厘米，高5~8厘米
- 1.5~3千克
- 至少40%
- 全年（杀菌乳）；春末（生乳）；夏至冬季（山庄奶酪）
- 生乳或杀菌乳
- 萨瓦，上伯恩丘

罗讷河—阿尔卑斯（萨瓦，上萨瓦）

小茴香萨瓦铎姆

TOMME DE SAVOIE AU CUMIN

这种奶酪内芯略黏，含有萨瓦野生的小茴香籽；外皮上留有压榨过程中用来包裹奶酪的布痕。图中的奶酪成熟得恰到好处。这种奶酪依制造方式有农庄或工匠类，熟成期为3～4个月。

半硬的内芯；未煮，经压榨

外皮有天然霉

直径	17～19厘米，高5～6厘米
重量	1.5千克
脂肪	30%～40%
✓	全年，视熟成状态而定
乳	生乳或杀菌乳
酒	恭得里奥

罗讷河—阿尔卑斯（上萨瓦）

凡诺瓦高山牧场多姆

TOME ALPAGE DE LA VANOISE

这种奶酪外皮上红色、含羞草黄和灰紫色相间的天然霉，令人想起野花怒放的草原。据称霉色如此缤纷，是因为乳牛放牧在阿尔卑斯山区凡诺瓦山（Vanoise）的草原上，致使原料乳中含有很高的胡萝卜素。这是种温和且风味饱满的农庄奶酪，夏季时在山庄中制造。熟成期为2～3个月。

外皮有天然霉或为水洗式外皮

半硬的内芯；未煮，经压榨

直径	17～18厘米，高5～6厘米
重量	2千克
脂肪	45%
✓	夏末至冬季
乳	全脂生乳
酒	克罗兹－艾米达吉

罗讷河—阿尔卑斯（萨瓦）

伯吉多脂农庄铎姆

TOME DES BAUGES（AOC）

这种农庄奶酪产自法国阿尔卑斯山区的伯吉山（Bauges），图示的奶酪是用全脂奶制造，熟成了3个月。外皮颇厚，内芯味道强烈。熟成期为40天至3个月。

直径17厘米，高5厘米	
1～1.2千克	
45%	
夏至冬季最佳	
全脂生乳	
艾米达吉	

西尼铎姆

TOMME DU FAUCIGNY

这种工匠奶酪产自阿尔卑斯山边的佛西尼地区（Faucigny），离瑞士边界很近。西尼铎姆有红褐色的外皮，上面覆盖着灰色和白色的天然霉。奶酪成熟后，黄色的内芯布满小孔，用手指按压会凹陷，味道颇咸。熟成期为4～5个月。

直径18～20厘米，高5～6厘米	
1.5千克	
40%	
全年	
生乳	
侏罗丘	

弗哈斯农庄铎姆

TOMME DE LA FRASSE FERMIÈRE

这种农庄奶酪最早起源自阿尔卑斯山边佛西尼地区的小城克鲁斯（Cluses），外皮坚实，分布着红色和白色的天然霉纹；内芯扎实，布满小孔，但入口质感却相当柔润，并有明显的酸味。由于原料乳的脂肪量不一定，因此奶酪并未标明含脂量。熟成期为4～6个月。

⊖	直径18～20厘米，高7厘米
⚖	2千克
◻	未标明
✓	全年，特别是夏至冬季
🐄	生乳
🍷	克雷皮

塞榭灰铎姆

TOMME GRISE DE SEYSSEL

这种工匠奶酪产自罗讷河畔的塞榭城（Seyssel），图示的奶酪重1.6千克，以铎姆奶酪来说算是大的。这个奶酪尚未成熟，但气味已颇强。外皮上的天然灰霉叫“猫毛”（poilsdechat）。在2～6个月的熟成期间，奶酪需用手搓揉，直至“猫毛”变短，形成既硬且厚的外皮。

⊖	直径20厘米，高6～7厘米
⚖	1.6千克
◻	40%
✓	全年
🐄	生乳
🍷	圣佩雷

林达黑农庄铎姆

TOMME FERMIÈRE DES LINDARETS

这种农庄奶酪产于海拔1500米的林达黑村（Lindarets），离瑞士边界不远。外皮很干，呈褐色，好像烧焦了一样，上面分布着白霉的裂痕，由于熟成已有6～8个月之久，表面粗糙不平。内芯布满小孔，不很干亦不很咸。咀嚼奶酪时，可感到它的风味在口中散发开来。

直径17～19厘米，高6厘米	
1.5千克	
未标明	
春至秋季	
生乳	
教皇新堡	

罗讷河—阿尔卑斯（上萨瓦）

葡萄酒渣铎姆

TOMME AU MARC DE RAISIN

这种农庄奶酪是把成熟的铎姆浸在酒渣白兰地中，在封紧的容器内渍泡1个月而制成。发酵引起的热度会让容器内部变热，使内芯变紧变黏。酒渣白兰地的酒味直穿透奶酪中心。

直径19～21厘米，高5～6厘米	
1.7千克	
40%	
秋末至冬季	
生乳	
萨瓦酒渣白兰地	

罗讷河—阿尔卑斯（萨瓦）

吕兰铎姆

TOMME DE LULLIN

这种合作社奶酪产于阿尔卑斯山区海拔860米处的吕兰村（Lullin）。吕兰铎姆是一种萨瓦标志铎姆奶酪，代表它是获得“萨瓦集体检验合格标志协会”（Association Marque Collective Savoie）颁授地区性品质保证的奶酪。原料乳生产地、凝乳素品质、喂牛的草料、奶酪的尺寸和重量以及熟成期，均受严格的规定管制。这一合格标志仅见于萨瓦，除了奶酪外，亦适用于火腿、腊肠和水果。

吕兰铎姆奶酪内芯柔软、味道温和，其间布满小孔，品尝时在舌上有沉沉的感觉，会在口中融化。

半硬的内芯；未煮，经压榨

如何制造吕兰铎姆

约15个农场共用同一个制造场所，并聘请一位制酪师傅用200头牛的乳，来制造丰厚奶酪（见40页）和铎姆奶酪。一个1.5千克重的铎姆奶酪需要15千克的牛乳，个头大上许多、重9.5千克的丰厚则需103千克牛乳。

凝乳

早上挤的奶加热至33℃，接着加凝乳素使之凝结。凝乳切割后，一面搅拌一面加热至37℃；30分钟以后，凝乳变成谷物一样的坚韧小粒。

塑型

凝乳放进铺了布的模具内，把乳清沥掉后，立即把“奶酪”取出模具并翻面。把布拿开，铺上塑胶纲和红色的嵌入式标签，标签上注明含脂量、省份编号和产地。接下来把奶酪放回模具里。

压榨和加盐

模具叠在一起，给奶酪轻微的压力，使沥干过程可继续进行。在凝乳过程之后约10小时，把奶酪取出模具，浸在盐水中24小时。

熟成

熟成从头到尾至少一个半月，一旦加盐后，奶酪即送入湿度90%～95%、温度10℃～12℃的藏酪窖中，七八天后奶酪上长出像猫毛似的霉，需把霉刷掉。霉的质地如细粉，其孢子会弥漫在空气中。这种又叫做灰铎姆（tommegrise）的灰霉，是萨瓦铎姆类奶酪的特征，它的味道像泥土，这也是奶酪生产地和熟成窖地点受明确限制的原因所在。有些来自其他地区的奶酪，会送至萨瓦熟成，促使其长出灰霉。4星期后，奶酪被送给熟成师傅或制酪师傅，由他们在窖中熟成奶酪。

1.塑型
把凝乳填至铺了布的模具中。

2.翻面
用手迅速将奶酪翻面。

外皮有天然霉

⊖	直径18厘米，高5~8厘米
⚖	1.2~2千克
◻	至少40%；每100克至少20克
✓	全年
🐄	生乳
🍷	罗讷河丘

罗讷河—阿尔卑斯（上萨瓦）

3.48小时后
奶酪仍新鲜，并没有霉的痕迹。

4.七八天后
特殊的“猫毛”霉开始长出，要刷掉。

5.再过20天
“猫毛”很软，开始变短并变灰。

6.熟成4星期
熟成4星期后，灰色外皮开始成形。

摩纳奇多姆 / 布达尼

TOME DE MÉNAGE / BOUDANE

用“居家”（demenage）一词来形容这种农庄奶酪实在恰当。当地人将此种奶酪称为布达尼，在当地方言中，指的就是多姆。图示的奶酪已熟成4个月，非常成熟，闻来带有窖味。其内芯稠度良好、强烈且油润，色如蛋黄。熟成期通常为2～3个月。

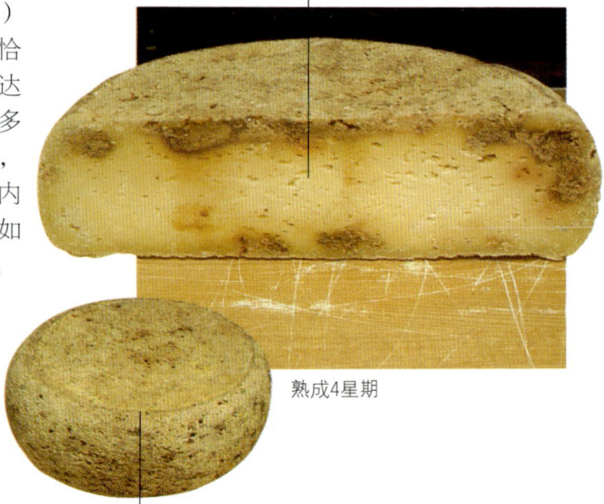

- 直径30厘米，高7～9厘米
- 6.2千克
- 45%
- 秋季起最佳
- 生乳
- 圣乔瑟夫

罗讷河—阿尔卑斯（萨瓦）

塞尼峰铎姆

TOMME－DU－MONT－CENIS

这种农庄奶酪产自阿尔卑斯山脉塞尼峰（MontCenis）一带，离意大利边界不远。内芯布满小孔，湿且柔软，在口中有怡人的黏着感。奶酪带有甜味，可能是因为乳牛在放牧时吃了阿尔卑斯山的野花。

图示的奶酪呈现典型的阿尔卑斯铎姆的外观，有灰、褐、红和白霉的痕迹。奶酪制于9月，赶在牛群夏末从高山下来之前，这使得这种奶酪成为最晚制造的夏季高山放牧奶酪之一。熟成期至少3个月。

- 直径30厘米，高5～6厘米
- 3.5～4千克
- 45%
- 秋季起最佳
- 生乳
- 凡索伯

罗讷河—阿尔卑斯（萨瓦）

通纳铎姆

TOMME DE THÔNES

这种农庄奶酪产于阿尔卑斯山区阿哈维山脉（Aravis）的通纳村（Thônes），外皮颇硬，呈灰棕色，覆盖着白霉；黄色的内芯柔软。熟成至少6星期。

直径10～12厘米，高8～9厘米
900克～1千克
40%
夏至秋季
生乳
阿德什地区餐酒

罗讷河—阿尔卑斯（上萨瓦）

萨瓦山羊铎姆 Tomme de Chèvre de Savoie

美城山羊多姆

TOME DE CHÈVRE，BELLEVILLE

这种高山山羊奶酪产于萨瓦塔杭戴斯地区的美城山谷，它是种经压榨的农庄奶酪，内芯厚，质如橡皮，布满了小孔。图示的奶酪制于9月，放在窖中14星期，一般的熟成期正是这么长。最佳购买和食用季节从秋季开始。

直径17厘米，高7厘米
1.6～1.8千克
45%
全年；秋季起最佳
生乳
恭得里奥，克里叶酒庄

罗讷河—阿尔卑斯（萨瓦）

莫津高山牧场山羊铎姆

TOMME DE CHEVRE D'ALPAGE，MORZINE

这种农庄奶酪制造于萨瓦北部著名的滑雪胜地莫津尼（Morzine），此地离瑞士边界仅10公里。夏季时分牧草丰沛，是良好的放牧地，当地由牛乳和山羊乳制造的铎姆奶酪相当出名。

图示为在夏季放牧山庄中制造的高山放牧奶酪，外皮颇干，覆盖着灰至淡蓝色的霉，夹杂着红点。尚未成熟的奶酪内芯带有淡淡的花香，愈熟气味愈强。熟成期为2～12个月。

直径19厘米，高6～7厘米	
1.8～2千克	
45%	
秋季起最佳	
生乳	
萨瓦，勃艮第阿里哥蝶	

莫津谷山羊铎姆

TOMME DE CHÈVRE，VALLÉEDEMORZINE

这种农庄奶酪亦在萨瓦北部莫津谷制造，原料乳取自在阿尔卑斯夏季牧草地上放牧的山羊。红褐色外皮湿且软，乳脂色的内芯质感重，切时会黏刀。内芯在口中融化，后味出乎意料地饱满。熟成需时1～2个月，期间奶酪需以水洗。

直径18～20厘米，高4厘米	
1～1.3千克	
不固定	
春至秋季	
生乳	
不甜型格拉夫	

诺维尔谷山羊铎姆

TOMME DE CHÈVRE，VALLÉE DE NOVEL

这种农庄奶酪来自日内瓦湖畔的小村诺维尔（Novel）一带，此地离瑞士边界很近。这种奶酪湿润可口，含羞草黄的内芯质地扎实，切时略有韧度。闻来带有地窖味，和卢瓦尔河山羊奶酪（见104页）有很大的不同。熟成期为4～5个月。

⊖	直径20厘米，高5厘米
⚖	1.7～2千克
脂	40%
✓	秋至冬季
乳	生乳
酒	萨瓦酒

罗讷河—阿尔卑斯（上萨瓦）

库歇维铎姆

TOMME DE COURCHEVEL

这种农庄山羊奶酪制于阿尔卑斯山区库歇维镇（Courchevel）周遭的山间小屋。此地在冬季时分是著名的奥林匹克运动中心，夏季时的阿尔卑斯山坡则是理想的山羊放牧地。图示的奶酪外皮硬、内芯软，风味丰润。熟成通常需时两个月。

⊖	直径20～25厘米，高5～7厘米
⚖	1.5～2千克
脂	45%
✓	夏至冬季
乳	生乳
酒	恭得里奥

朗格多克—鲁西永（洛泽尔）

雷歇洪半山羊多姆

TOME MI－CHÈVRE DU LÈCHERON

这种农庄奶酪乃依当地的雷歇洪山（Lècheron）而命名，制造场所在凡诺瓦高地（Massifde1aVanoise）的一家山庄里。1988年颁布的一项法令规定，半山羊（mi-chevre）为含有一半山羊乳的奶酪。另一半则为牛乳，使得奶酪的风味比较柔和。图示的奶酪在熟成期一开始时用盐水洗，不过经过四五个月后，外皮已相当干了。

熟成四五个月

直径20～24厘米，高4～5厘米	
2千克	
45%	
夏至秋季	
生乳(50%)	
生乳(50%)	
克雷皮	

伯吉半山羊铎梅特

TOMMETTE MI-CHÈVRE DES BAUGES

铎梅特（Tommette）这个词的意思为小的铎姆奶酪。这种农庄奶酪产于萨瓦的伯吉高原，外皮干且硬，内芯略湿、柔软且黏。熟成期为2～3个月。

直径10～11厘米，高5厘米	
400克	
45%	
秋季起最佳	
生乳	
生乳	
克雷皮	

其他地区的铎姆 Tommes from other Regions

阿尔勒铎姆
TOMME D'ARLES

这种农庄奶酪起初产于上普罗旺斯阿尔卑斯的蒙罗（Montlaux）小村，不过后来湮灭了。1988年，两位女士用她们养的60头绵羊的奶，重新开始制造这种奶酪。她们制作的奶酪有柔软的白色内芯，并且气味强烈。熟成期很短，大约只有10天。

⊖	直径8～9厘米，高1.5厘米
⚖	90～110克
脂	50%
✓	冬末至夏季
乳	生乳
酒	黑醋栗酒，巴雷特

普罗旺斯—阿尔卑斯—蔚蓝海岸
（上普罗旺斯阿尔卑斯）

阿韦龙铎姆（小型）
TOMME DE L'AVEYRON（PETITE）

这种干农庄奶酪来自阿韦龙省（Aveyron）的拉萨克石灰高原，奶酪的名称来源即为省名。其内芯呈象牙白色，湿润，布满了小孔，味道有点酸，含脂量仅20%，风味却颇浓重。对爱吃奶酪又在意热量的人来说，这是种理想的奶酪。熟成期从1～3个月半。

⊖	直径12厘米，高3厘米
⚖	310～350克
脂	20%或40%
✓	春至秋季
乳	生乳
酒	卡欧

中比利牛斯（阿韦龙）

巴侬铎姆

TOME DE BANON

这种工匠奶酪是以普罗旺斯的巴侬镇（Banon）命名。图示奶酪的金黄色外皮上刚刚出现蓝色和白色的天然霉，覆盖其上的一小枝风轮菜不光是为了装饰而已，它替奶酪增添不少普罗旺斯的芳香。这种奶酪的内芯质地细致，闻来略有山羊乳和风轮菜的气味。熟成期为5天到3星期。

直径6厘米，高2厘米	
60～75克	
45%	
全年	
生乳	
黑醋栗酒	

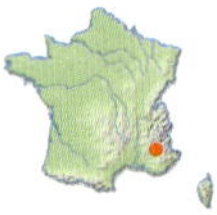

布酿铎姆

TOMME DU BOUGNAT

布酿奶酪只在奥弗涅生产，向制造奶酪的人问起这种奶酪来自何方，他的回答是：“来自奥弗涅山区。”这位制造者的名字和制酪地点皆为商业机密。

这种奶酪淡黄色的内芯尝在舌上有清凉感，风味浓郁。制造方式为工匠种类，熟成期为2个月。

直径30厘米，高5厘米	
4千克	
45%	
全年	
生乳	
圣普桑	

卡布哈铎姆

TOMME CAPRA

这种风味朴实的山羊奶酪来自多洛姆地区的圣巴度村（St.Bardou），名字来源于意大利语中的“山羊”（capra）。其外皮薄，即使新鲜时内芯亦结实，略有山羊乳气味。这种农庄奶酪的制造者是波赞（F.Pozin），熟成期至少12天。

⊖	直径6厘米，高1.5～2厘米
脂	45%
✓	全年，春季最佳
乳	生乳
酒	圣乔瑟夫

南特地区山羊铎姆

TOMME DE CHÈVRE PAYS NANTAIS

这种中等大小的工匠奶酪乃依南特地区（PaysNantais）取名，此地位处卢瓦尔河口，以出产白葡萄酒而闻名。图示的奶酪外皮湿润，呈橘色。内芯色泽如乳脂，质地细致，结实无弹性。其风味不凡，混合了山羊和葡萄酒的味道。熟成期为3～6星期，期间奶酪需用浸过麝香葡萄酒的布搓揉。

⊖	直径20厘米，高3～4厘米
重	1.5千克
脂	45%
✓	全年
乳	生乳
酒	含酒渣麝香葡萄酒

塔恩山羊多姆／露班诺

TOME DE CHÈVRE DU TARN / LOU PENNOL

这种农庄奶酪是由塔恩省（Tarn）的农业共同开发协会所制造，奶酪名称得自地名。外皮干且布满小小的疙瘩；内芯很白、质地细致、没有弹性。味道偏酸，入口融化。熟成需时约3个月，图中的奶酪刚开始熟成，重2千克，两个月后重量则变为1.5千克。

⊖	直径16～17厘米，高7厘米
⚖	1.5千克
◻	45%
✓	全年
🐐	生乳
🍷	加雅克

中比利牛斯（塔恩）

嘉斯巩铎姆

TOMME LE GASCON

这种工匠奶酪来自嘉斯科涅的洛玛涅地区，此地以出产鹅肝酱闻名。其外皮干，用手指按压会反弹；黄色的内芯柔软，有很多小孔，滋味丰润、奶味十足。熟成期为4～5星期。

⊖	直径20厘米，高9～10厘米
⚖	3～3.5千克
◻	45%～50%
✓	全年
🐄	生乳
🍷	图依松

中比利牛斯（热尔）

八升铎姆

TOMME DE HUITLITRES

这种农庄奶酪是原籍巴黎的一对夫妇在普罗旺斯的普伊米歇村（Puimichel）所制造，他们在普罗旺斯的阿尔卑斯山区养了45头山羊，制造数种奶酪。这些奶酪的制造法、风味和香味皆与众不同，不过原料乳的品质都同样优良。八升铎姆乃根据古法制造，几乎没有气味，味道带有淡淡的山羊乳香。熟成期为2星期至6个月。

⊖	直径18厘米，高3.5厘米
⚖	1～1.2千克
⊐	未标明
✓	春至秋季
🐐	生乳
🍷	黑醋栗酒

普罗旺斯—阿尔卑斯—蔚蓝海岸
（上普罗旺斯阿尔卑斯）

山区铎姆

TOMME DE MONTAGNE

图示的这种农庄奶酪为一对农家夫妇制造，他们在法国东部的佛日山区也制造上等的孟斯戴奶酪（见192页）。山区铎姆奶酪的外皮金黄，有红、白色的痕迹。结实的内芯色如奶油，风味细腻。熟成期为两个月，期间需以水洗并刷奶酪。

⊖	直径19～20厘米，高7～8厘米
⚖	2.5千克（大小和尺寸不一，视每天的产乳量而定）
⊐	未标明
✓	全年，秋冬最佳
🐄	生乳
🍷	年份好的希瓦那

阿尔萨斯（上莱茵）

罗马铎姆／罗马

TOMME DE ROMANS / ROMANS

有些奶酪直到如今都还在最初的产地制造，并且沿用古老的名字，可是使用的原料乳却随着时光的演变而有了改变，罗马奶酪是其中之一。它曾是农庄山羊奶酪，但是现在几乎只有工厂和工匠两种，而且用的是杀菌牛乳。闻起来略有熟成窖的气味，熟成至少需10天。

直径8～9厘米，高3.5厘米
200～300克
45%～50%
全年
杀菌乳
克罗兹－艾米达吉，高纳斯

罗讷河—阿尔卑斯（多洛姆，伊泽尔）

塞哈浓铎姆

TOMME DE SÉRANON

塞哈浓镇（Seranon）位于格拉斯北边海拔1000米处，此地受海风吹拂，飘来阵阵花香，连产于这里的奶酪都带有芬芳可口的花香。夏季是品尝塞哈浓铎姆奶酪的最佳时节，其外皮薄，近乎粉红色；内芯十分柔润且易碎。此农庄奶酪熟成期不长，只有2星期左右。

直径9厘米，高4厘米
250～300克
45%
全年，春至夏季最佳
生乳
普罗旺斯玫瑰红

普罗旺斯—阿尔卑斯—蔚蓝海岸（阿尔卑斯滨海）

凡戴铎姆

TOMME DE VENDÉE

这种大型的工匠奶酪来自大西洋岸，从内芯和外皮可以看得出来，其制造法有异于卢瓦尔河谷的AOC山羊奶酪。咸味颇重，风味有部分得力于在一个半月的熟成期中对奶酪的悉心呵护。

直径20～22厘米，高4厘米
1.7千克
45%
春至秋季
生乳
菲耶弗凡戴玫瑰红

阿韦龙铎梅特

TOMMETTE DE L'AVEVRON

这种农庄奶酪产于拉萨克高原，那里正是著名的侯格堡奶酪（见216页）的家乡。它的名字来自于产地省份之名，亦即阿韦龙省。这种奶酪以丰润的原料乳制成，外皮干，附着白、灰和红褐色的霉；内芯结实，用手指按压时有弹性。此奶酪入口会融化，味道强烈且咸。熟成期为2～6星期。

直径8厘米，高6厘米
300克
未标明
从12月～次年8月15日制造
生乳
加雅克，卡欧

山羊铎姆
TOMME DE CHÈVRE

这种农庄奶酪产于普罗旺斯的普伊米歇村，和八升铎姆奶酪（见247页）的制造者是同一人。风味温和但层次复杂，熟成需时3星期，期间奶酪一星期用盐水洗2次。

直径10厘米，高2.5厘米
220～250克
未标明
春至秋季
生乳
黑醋栗酒

普罗旺斯—阿尔卑斯—蔚蓝海岸（04）

比利牛斯山羊铎姆 Tomme de Chèvre,les Pyrénées

农庄山羊奶酪
FROMAGE DE CHÈVRE FERMIER

比利牛斯山区制造绵羊奶酪已有悠久的历史，不过像这样的山羊奶酪却相当罕见。山羊乳的凝乳包在布里，沥干并稍微加压，以去除乳清，如此可使奶酪保存较久。成熟的奶酪体积大、重且坚实，内芯结实、干且质地紧密，偶尔有裂痕，风味丰润；奶酪外皮盖有制造者的心形标志。这种农庄奶酪熟成期为一个半月。

直径15～18.5厘米，高8厘米
2.3千克
45%
夏至冬季
生乳
居宏颂

中比利牛斯（上比利牛斯）

山羊铎姆／路比耶／卡布里伍雷

TOMME DE CHÈVER／LOUBIERES／CABRIOULER

这种农庄山羊奶酪产于法国南部路比耶（Loubieres）的法许隘口（ColdelFach）农场，那里离福瓦（Foix）不远。图示的奶酪熟成已5个月，表皮看来像石头一样硬。内芯为黄灰色，有小孔，不大有弹性。这是种重口味的奶酪，闻起来有霉味和窖气。尝起来虽咸，但风味丰润且均衡。在至少两个月的熟成期间，奶酪需用盐水洗。

⊖	直径20～21厘米，高5～6厘米
⚖	2～2.5千克
脂	未标明
✓	除12月和1月，全年皆有
乳	生乳
酒	里慕

巴斯克多姆

TOME PAYS BASQUE

这种农庄奶酪是由生产阿迪–卡斯纳奶酪（见67页）的巴斯克牧羊人，在法国西南部近西班牙边界的圣尚皮耶德堡（St.-Jean-Pied-dePort）城附近所制造。负责熟成作业的也是同一位奶酪师傅。图示的这个奶酪，外皮干且有压榨时覆盖的布留下的痕迹；内芯结实无弹性，很容易碎掉。奶酪虽干，但盐分和含脂量平衡良好，入口黏而且会融化。熟成需时两个月。

⊖	直径12～13厘米，高6～7厘米
⚖	1～1.2千克
脂	45%
✓	夏、秋、冬季
乳	生乳
酒	依芦雷基，含酒渣麝香葡萄酒

地区山羊铎姆

TOMME DE CHÈVRE DE PAYS

这种农庄奶酪制造于嘉斯科涅地区的雷巴洪尼（LesBarronies），外皮干，有淡褐色和红色的霉，并有制酪时留下的布纹。经过3个月的熟成期，发展出均衡的甜味，没有酸味。

⊖	直径19厘米，高7~8厘米
⚖	2~2.2千克
脂	45%
✓	全年；秋、冬最佳
乳	生乳
酒	图依松

中比利牛斯（上比利牛斯）

真正苦修会

TRAPPE（VÉRITABLE）

这种工匠奶酪名字的意思是“真正的苦修会”，制于梅纳地区拉瓦尔镇（Laval）附近的库德苦修会修道院（Trappist Abbayedela-Coudre）。这是一种温和的奶酪，略带霉味。熟成需时至少3星期，其间奶酪需用盐水洗。

⊖	直径20厘米，高4~5厘米
⚖	300克，400克
脂	40%
✓	全年
乳	杀菌乳
酒	希浓

卢瓦尔河地区
（马耶纳）

贝瓦尔苦修会

TRAPPE DE BELVAL

这种工匠奶酪产于阿特瓦（Artois）的贝瓦尔修道院（Abbayede Belval）。院内的修女最早来自拉瓦尔，1892年开始制作这种奶酪。每年有40吨的奶酪产量。奶酪的包装纸为橘色，有6个蓝色的十字架图案和深蓝色的修道院外观图。外皮柔软，呈珊瑚粉红色；象牙白的内芯有着清凉且具弹性的质感，略有气味。熟成至少需6星期。

直径20厘米，高4~5厘米
2千克；400克
40%~45%
全年
生乳
波尔多，梅铎

北加莱海峡（加莱海峡）

埃斯当奶酪

FROMAGE D'HESDIN

这种工匠奶酪以埃斯当镇（Hesdin）为名，这里离生产贝瓦尔苦修会（见上栏）奶酪的小村只有20公里。其制造范本可能是一种类似的修道院奶酪。埃斯当奶酪自1960年才开始生产，气味柔和清淡，后味有点甜。熟成期2个月，期间需不时以白酒洗之。

直径12厘米，高3~3.5厘米
400~450克
40%~42%
全年；春至秋季最佳
生乳
上梅铎

北加莱海峡（加莱海峡）

艾舒涅亚克苦修会

TRAPPE D'ECHOURGNAC

自1868年起，沛利戈（Perigord）艾舒涅亚克修道院（l'Abbave d'Echourgnac）的苦修会修女，即开始自附近的农庄收集牛乳，制作并熟成这种工匠奶酪。她们用的制造法和制作莒沙吕港奶酪（见209页）的方法相同，每年生产52吨奶酪。

这种奶酪的外皮有点湿润，用手指压会反弹，风味均衡且单纯。奶酪需在修道院的地窖熟成2星期，到奶酪店里再继续熟成1个月。

⊖	直径9~10厘米，高3~4厘米
⚖	270~300克；
🥛	45%
✓	全年
🐄	杀菌乳
🍷	卡欧

香巴杭苦修会修士

TRAPPISTE DE CHAMBARAN

这种工匠奶酪是多芬地区香巴杭高原（Plateaude Chambaran）华彭镇（Roybon）上的修士所制作，外皮湿润，呈淡粉红色，滋味温和。其制造法以霍布洛雄奶酪（见213页）和莒沙吕港奶酪（见209页）为本，从1932年起开始生产。原料乳购自附近的农场，并加以杀菌处理。每年产量约80吨。

在2星期的熟成期间，藏于修道院天然地窖中的奶酪需用盐水洗。大型的奶酪熟成至少需4星期。

⊖	直径8~9厘米，高2~2.5厘米
⚖	160克；300克；1.5千克
🥛	45%
✓	全年
🐄	杀菌乳
🍷	罗第丘

三重乳脂奶酪和双重乳脂奶酪

Triple-Crème and Double-Crème

三重乳脂奶酪和双重乳脂奶酪风味细腻油润，因而广受喜爱，在法国大部分奶酪店里都有贩售，奶酪拼盘里也常出现三重或双重乳脂奶酪，好让拼盘菜色更丰富。

制造这些奶酪时需在原料乳中添加乳脂，三重乳脂奶酪的含脂量至少75％，双重乳脂奶酪的含脂量则在60％~75％间。这些奶酪通常是完全没有外皮，有些则有柔软的带霉外皮。内芯柔软甘甜，滋味可口，可能也稍带酸度，气味则非常稀薄。由于这些奶酪味道不重，常常用来制作其他奶酪（见261页）。熟成期往往很短，可以趁新鲜食用，和又称为梅铎慕里斯（Moulis-en-Médoc）的慕里斯红酒特别搭配。梅铎慕里斯为上梅铎（Haut-Médoc）地区的一个小葡萄园。

拉布伊

LA BOUILLE

这种工匠奶酪最早是19世纪末在诺曼底由“奶酪先生”（MonsieurFromage）所制造。先生奶酪（见259页）的制作者也是同一人，这种双重乳脂奶酪如今可能已不存在。拉布伊的含脂量虽然很高，但熟成期达两个月。

直径8厘米，高5~5.5厘米
220克
60%
夏至冬季
添加乳脂
梅铎

上诺曼底（塞纳滨海）

布禾梭

BOURSAULT

此种工厂奶酪风味温和，令人联想起布里奶酪（见80页），并且稍带酸度。这种奶酪是从第二次世界大战后开始生产，名称来自于其创造者和制作者。这是种柔软、油润的奶酪，略带霉味。熟成期至少两个月。

直径8厘米，高4厘米
200克
70%
全年
添加乳脂
波尔多

法兰西岛大区（塞纳—马恩）

布尔桑
BOURSIN

右图两个布尔桑奶酪中，右边的添加了蒜头和香草，左边的则加了黑胡椒。布尔桑为工厂奶酪，产于诺曼底，柔软而油润，无须熟成。与新鲜面包以及不甜型白葡萄酒十分搭配。

直径8厘米，高4厘米
150克
70%
全年
添加乳脂
格拉夫

布希亚–沙维灵
BRILLAT-SAVARIN

这种奶酪在20世纪30年代由昂希·安图艾(Henri And rouët)创制，他是法国奶酪专家皮耶·安图艾(Pierre And rouët)的父亲。此奶酪以18世纪法国著名美食作家布希亚–沙维灵之姓氏命名，属于工厂奶酪，熟成期为1~2星期。

直径12~13厘米，高3.5~4厘米
450~500克
75%
全年
添加乳脂
圣爱美浓，弗朗萨克

众神的任性
CAPRICE DE SDIEUX

来自上马恩（Haute-Marne）巴席尼（Bassigny）地区的这种工厂奶酪，最早是在1956年作商业化生产。除了图中这种重210克的奶酪外，还有一种体积较大、重310克的奶酪，以及一种较小、重150克的奶酪。熟成期为2星期。

直径14厘米，高3.5厘米
210克
60%
全年
添加乳脂
香槟丘

克胡贝

CROUPET

这种奶酪的名字取自法兰西岛大区的布里地区一个村庄。奶酪制造于一家小型的制酪工厂，熟成期为1～2星期。

直径11厘米，高5厘米
450克
75%
全年
添加乳脂
勃艮第

法兰西岛大区（塞纳—马恩）

圣席尔德里斯

DÉLICE DE SAINT-CYR

这种来自布里地区圣席尔须蒙韩（Saint-Cyr-sur-Morin）的奶酪，和布禾梭奶酪（见256页）颇相似。制造于一家小型制酪工厂，熟成期为4～5星期。

直径11厘米，高5厘米
300克
75%
全年
添加乳脂
波尔多

法兰西岛大区（塞纳—马恩）

探险家

EXPLORATEUR

这种工厂奶酪略带霉味，质地和味道油润。熟成期为2～3星期。除了图示的奶酪外，尚有体积较大、分别重450克和1.6千克的奶酪，大型的通常切割出售。

直径8厘米，高6厘米
250克
75%
全年
添加乳脂
波尔多

法兰西岛大区（塞纳—马恩）

世纪末

FIN-DE-SIÈCLE

这种工匠奶酪来自诺曼底的布雷地区，由制酪者昂希·安图艾命名。它是一种柔软油润的奶酪，略带霉味。熟成期为2星期。

⊖	直径8厘米，高5厘米
重量	270克
脂肪	72%
✓	全年
乳	添加乳脂
酒	波尔多

上诺曼底（厄尔）

柔软的内芯；未煮，未经压榨

外皮有白霉

先生奶酪／奶酪先生

FROMAGE DE MONSIEUR / MONSIEUR FROMAGE

这种工厂奶酪和拉布伊奶酪（见256页）皆由“奶酪先生”所发明，熟成期为3星期。

⊖	直径7厘米，高5厘米
重量	250克
脂肪	60%
✓	全年
乳	添加乳脂
酒	波尔多

主要在诺曼底

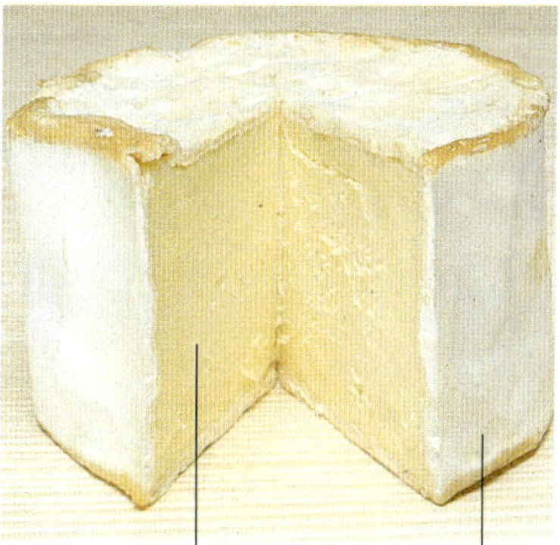

柔软的内芯；未煮，未经压榨

外皮有白霉

大瓦戴尔

GRAND VATEL

这种工匠奶酪来自勃艮第，熟成期为6星期。这是种坚实的奶酪，有奶油味。另外也有小型的小瓦戴尔（PetitVatel），熟成期仅4星期。

⊖	直径13厘米，高3～4厘米
重量	500克
脂肪	75%
✓	全年
乳	添加乳脂
酒	伯恩丘

勃艮第（黄金海岸）

柔软的内芯；未煮，未经压榨

外皮有白霉

锄草刀

GRATTE – PAILLE

这种工匠奶酪来自塞纳马恩省（Seine-et-Marne），熟成期为3星期。质地油润，滋味丰润如乳脂。

长8～10厘米，宽6～7厘米，高6厘米
300～350克
70%
全年
添加乳脂
波尔多

法兰西岛大区（塞纳—马恩）

路库鲁斯

LUCULLUS

这种柔软油润的工厂奶酪，是依古罗马时代大将军兼老饕路库鲁斯而取名。熟成期为3～4星期。

直径8厘米，高4～5厘米
250～300克
75%
全年
添加乳脂
波尔多

法兰西岛大区（塞纳—马恩）

皮耶–侯贝

PIERRE – ROBERT

来自塞纳–马恩省的这种工匠奶酪，是出自制酪师侯贝·胡塞尔（Rober-tRouzaire）的手笔，以他自己和朋友皮耶的名字来取名；胡塞尔的儿子至今仍在制作这种奶酪。这是种温和的奶酪，小孩特别爱吃。熟成期为3星期。

直径13厘米，高4.5～5厘米
500克
75%
全年
添加乳脂
波尔多

法兰西岛大区（塞纳—马恩）

想象力十足的创作

本页图中的奶酪，全是双重乳脂奶酪和三重乳脂奶酪，经过奶酪匠巧手装饰，含有各种不同的香草和香料。

肉桂奶酪（Cannelle），外面包覆着肉桂粉

鼠尾草叶高冈度瓦奶酪（Gargantuaàlafeuel-ledesauge），饰有鼠尾草

匈牙利红椒奶酪（Paprika），外面包覆着匈牙利红椒粉

胡椒奶酪（Poivre），包覆着粗磨的黑胡椒

三穗奶酪（Trois－Epis），外覆小茴香籽

太阳奶酪（Soleil），外覆青、黑葡萄干

奶酪外覆满了浸过朗姆酒（rum）的葡萄干

法国奶酪

V

比利牛斯牛奶酪 Vache des Pyrénées

比利牛斯山脉绵延约400公里，横跨法国5个现代省（departments）和11个古代行省（provinces）。阿利耶吉省（Ariège）和上加洪尼省（Haute-Garonne）位处山脉的中段地区，这里的奶酪以前是用绵羊乳制造，如今则改用牛乳。

这些奶酪都颇坚实且体积庞大，外皮坚韧，保护着结实、多脂且带果香的内芯。奶酪皆以生产的村庄命名，不过本地人习惯称为高山奶酪（fromage de montagne）。这些奶酪几乎全是以生乳制作的农庄奶酪，内芯有小气孔。熟成程序可使高山奶酪的特性充分发挥，熟成后的奶酪变得像肉一样扎实，但牛乳的滑顺、温和、甘甜的性质荡然无存。食用这类奶酪应佐以带果香的红酒。

巴胡斯
BAROUSSE

这种奶酪以比利牛斯山区的巴胡斯熊谷命名，和艾斯巴黑许奶酪（见下方）的制作方法相似。味道随季节而不同，因为乳牛在春夏放牧时吃的是青草，冬季则在牛舍中喂以干草料，产出的乳味道不同，因而影响奶酪的滋味。图示的这个奶酪是由索斯特村（Sost）的索斯特家族所制，他们每天生产5个奶酪。这是种气味强烈的农庄奶酪，熟成至少一个半月，在熟成期的头2星期需每天清洗、擦拭并翻面。

- 直径19厘米，高7厘米
- 2千克
- 未标明
- ✓ 全年
- 生乳
- 马第宏，风东内丘

中比利牛斯（上比利牛斯）

艾斯巴黑许
ESBAREICH

这种奶酪仿佛是巴胡斯的双胞胎，属于农庄奶酪，来自离索斯特村两公里的艾斯巴黑许村，熟成期为两个半月。

- 直径19厘米，高7.5厘米
- 2.5千克
- 未标明
- ✓ 全年
- 生乳
- 马第宏，风东内丘

中比利牛斯（上比利牛斯）

◀ 放牧在比利牛斯山腹牧场的牛儿们

贝特马勒
BETHMALE

这是比利牛斯山区最著名的传统牛奶奶酪，名字来自生产的村庄，位于巩德福瓦（Comté de Foix）的库塞杭地区。根据传说，12世纪时，法王路易六世途经这个地区，很欣赏这种奶酪。

贝特马勒奶酪可能是比利牛斯山区牛奶奶酪中最温和的一种。图示的这个有半硬、未煮、经压榨的内芯，闻起来有窖气。熟成期为2~3个月，期间必须刷拭奶酪，并翻面。

天然的外皮

⊖	直径25~40厘米，高8~10厘米
⚖	3.5~6千克
◫	45%~50%
✓	全年
🐄	生乳或杀菌乳
🍷	高丽乌尔

中比利牛斯（阿里埃日）

厄巴马鲁
E BAMALOU

这种工匠奶酪有大小两种尺寸，产地为巩德福瓦的卡斯提庸—昂—库塞杭（Castillon-en-Couserans）。它可能是比利牛斯山牛奶奶酪中最强烈的一种。内芯完好地包裹在坚实的外皮里，柔软且多油，褐色外皮上有红点。这种奶酪的滋味与气味和饱含单宁的红酒是良好搭配，熟成期约为6星期。

半硬的内芯；未煮，经压榨

天然的红褐色外皮

⊖	直径24~29厘米，高10厘米（大型）；直径11~13厘米，高7厘米（小型）
⚖	6千克（大型）；700~800克（小型）
◫	50%
✓	全年
🐄	全脂生乳
🍷	教皇新堡，卡欧

中比利牛斯（阿里埃日）

高山奶酪

FROMAGE DE MONTAGNE

这种农庄奶酪是由两位年轻的制酪师傅制作，他们的小屋在卢松（Luchon）附近的普波（Poubeau）——位于比利牛斯山海拔1300米的地方。奶酪的外皮气味不像内芯那么浓烈，呈橘色和带粉红的白色，柔软且湿润。内芯色如蛋黄，布满气孔，气味强烈。图示的这个奶酪看似尚未成熟，其实已熟成了4个月，正是适合食用的时候。熟成期至少需3个月，期间需定时清洗奶酪并翻面。

尺寸	直径20～22厘米，高8～9厘米
重量	2.7千克
脂肪	未标明
季节	全年
乳	生乳
配酒	贝杰哈克，波尔多，菲杜

中比利牛斯
（上加洪尼）

列吉高山奶酪

FROMAGE DE MONTAGNE DE LÈGE

这种农庄奶酪是列吉村（Lège）的卡蜜儿·嘉佐（Camille Cazaux）农场所制造，有着红褐色、黏且略湿的外皮，以及紧密且布满气孔的黄色内芯。这种奶酪只要熟成3个月就可食用，不过真正的美食家会等到奶酪熟成6个月、已完全成熟了才吃。

尺寸	直径34～37厘米，高7～8厘米
重量	6.5千克
脂肪	45%
季节	夏至冬季
乳	生乳
配酒	马第宏，卡欧，菲杜

中比利牛斯（上加洪尼）

卡拉巴斯峰高山奶酪

FROMAGE DE MONTAGNE,
LE PICDE LA CALABASSE

这种工匠奶酪产于海拔2210米的卡拉巴斯峰山脚下的圣拉利村（Saint-Lary）。除了图示的大型奶酪外，也有体积较小的产品。图中的奶酪已成熟，包覆的布在外皮造成白、灰、粉红和褐色的痕迹。内芯呈黄褐色，布满了小孔，质地结实，但会在口中融化。这种奶酪黏黏的，味道很重且有果香，并隐约带着花香。熟成需时3个月。

直径28~37厘米，高7~8厘米
6千克
45%
春季最佳
生乳
高比耶，密内瓦，菲杜

中比利牛斯（阿利耶吉）

高山奶酪／勒侯加雷

FROMAGE DE MONTAGNE / LE ROGALLAIS

这种工匠奶酪是由塞城（Seix）的库姆制酪场（Fromagerie Coumes）所制，塞城位于巩德福瓦的库塞杭地区。此奶酪有很成熟的褐色或粉褐色外皮，以及分布着小孔的黄色至淡褐色内芯。内芯厚且油，闻来有窖气和霉味。制酪者说明："在一个半月的熟成期中，气孔成形，让内芯充了气。奶酪的品质要看沥乳清的状况而定，熟成窖的温度为14℃，湿度则为95%。这个湿度和熟成期间放置奶酪的橡木板，让奶酪长出了霉，并使内芯发酵，造成了气孔。"

直径33厘米，高5厘米
4.5千克；2.5千克
50%
全年，特别是春至秋季
生乳
格拉夫，梅铎

中比利牛斯（阿利吉耶）

勒慕里斯

LE MOULIS

这种工匠奶酪由巩德福瓦的慕里斯（Moulis）一个历史悠久的家族公司所制造，每年产量60吨，约相当于17 000个奶酪。

这种奶酪不论成熟与否，味道都很强。内芯起初为稻草色，后来变成褐色，虽然其中布满了小孔，质地却湿润且油，会在口中徐徐融化。独特的发酵味和腐败味，令舌头有刺刺的感觉。奶酪臭味颇重，熟成很久以后会有辛辣味。在最初2星期的熟成期间，奶酪每2天需以盐水清洗，接着的一两个月间需刷拭奶酪，并将之翻面。

未成熟的勒慕里斯

熟成6个月的勒慕里斯

直径22～24厘米，高7厘米
3.5千克
48%
全年
生乳
不甜型侏罗酒

中比利牛斯（上加洪尼）

丰厚农庄牛奶酪

VACHERIN D'ABONDANCE FERMIER

这种农庄奶酪产于萨瓦的丰厚城，它有个与众不同的特点，就是外头包裹着针枞树皮。树皮在奶酪外表形成一层保护，同时其芳香也渗进奶酪中。奶酪内芯质地细致，味道温和、油润、微咸。熟成需3星期。

当地人吃丰厚农庄牛奶酪时，喜欢配上连皮在盐水中煮熟的马铃薯。

熟成24小时

熟成12天

薄薄的外皮上有天然白霉

⊖	直径13厘米，高3厘米
⚖	400～500克
◻	未标明（包括树皮）
✓	冬季和春季
🐄	生乳
🍷	萨瓦酒，马韩（Marin）

罗讷河—阿尔卑斯（上萨瓦）

柔软如乳脂的内芯，闻来有针枞木的气味；未煮，未经压榨

如何制造丰厚农庄牛奶酪

丰厚城里只有塞琳娜·贾纽在制作这种奶酪，她在30多年前结婚后不久，从婆婆那里学来制作技术。她从12月开始制酪，前后210天，直到7月结束。她养有9头牛，每头每天早上产乳60升，可供她制作15个奶酪。傍晚的产乳量较少，可供她再制作12个或13个奶酪。每制一个奶酪需要4升的牛乳。

每年7月，她养的牛会上山到阿尔卑斯草地上，乳牛和其他牛只混合放养，总共大约50头。夏季产的牛乳，用来在山间的小屋里制造大型的丰厚奶酪（见40页）。放牧人和牛群在10月初下山，母牛产下小牛。小母牛留下，养殖3年后即开始产乳，每头乳牛可产乳10年。

宁静的丰厚山城

1. 早上6点30分，替牛挤乳，把挤出的乳注入一个大铜盆里。

2. 用钩子把凝乳素加进乳汁中搅拌，乳汁开始凝结。乳汁静置于12℃的环境中1小时。

3. 早上8点，把凝乳倒进15个铺了纱布的盆子里。

4. 把纱布束口，沥去乳清。

5. 把乳清倒出，留下来另外抽取乳脂。

6. 用针枞树皮把包在纱布中的凝乳球捆扎起来，静置约3小时，接着移至沥板上。下午3点，沥干程序继续进行。

柔软如乳脂的内芯，闻起来有针枞木的气味；未煮，未经压榨

7．把纱布拿掉。

8．把奶酪放在沥板上直到第二天早晨。乳清继续流出，奶酪则依然甘甜、清淡且柔软。

9．第二天早上8点，奶酪移至温度12℃的藏酪窖，在朝上的一面上撒盐。48小时后，把树皮拿走，将奶酪翻面，撒上盐。把树皮再绑缚起来，束紧，让奶酪熟成。

接下来的15～20天，每天上午替奶酪翻面，铺在置酪板上的布需每天换新，奶酪的表面出现布纹。约15～20天之后，奶酪表面长出了白霉。外皮尚未成形，但已出现一层乳白色的薄皮。奶酪已准备好上市出售。

伯吉牛奶酪
VA CHERIN DES BAUGES

有两位制酪人在萨瓦的伯吉高原制造这种农庄奶酪。据当地一位制酪人表示，虽然最好是让奶酪完全成熟，但这种奶酪在开始熟成的2星期后即可食用，在这阶段的熟成期间，每2天需用布沾取掺有乳脂的清水，擦拭奶酪一次。在整个熟成期中，都应从事这一步骤，理想的熟成期为1个月。图示的奶酪已熟成2星期，表面长出不好的灰霉，会破坏奶酪风味。

⊖	直径21厘米，高4～4.5厘米
⚖	1.4千克，裹着一圈针枞树皮
◻	未标明
✓	冬季
◌	生乳
🍷	萨瓦酒，阿伯瓦

罗讷河—阿尔卑斯（萨瓦）

上杜省牛奶酪／金山
VACHERIN DU HAUT-DOUBS / MONT D'OR（AOC）

海拔 1463 米的金山高地，位于法国和瑞士边界附近。虽然这种冬季奶酪在法国境内生产已有 2 个世纪，但是有关此奶酪的起源，却争议了许多年，法、瑞双方皆坚称自己才是首制这种奶酪的老祖宗。后来瑞士方面向法国让步，争议才算终止。

金山奶酪在商店里简称为牛奶酪（Vacherin），放在木盒中展售，而且在盒中仍继续熟成。奶酪绑了一圈针枞树皮，树皮的气味渗入奶酪，使其产生怡人的独特芳香。针枞树皮也有助奶酪保持形状，就算端上桌供食用时，也不可将树皮拿开。

奶酪的表面湿润，外皮金黄中略带红色，上有布痕。淡黄色的内芯油润，可以涂抹在面包或水煮马铃薯上。

AOC 准许以工匠和合作社方法来制作这种奶酪，熟成必须在注明的特定地区进行，为期 3 星期，熟成室最高温度为 15℃。在熟成 3 星期后，针枞的香气已很显著。奶酪置放于针枞木板上熟成，需要翻面并以沾了盐水的布来揉搓。

装在木盒中出售的上杜省牛奶酪

奶酪店用一块大理石挡住，以免奶酪流动不成形

拿出木盒的上杜省牛奶酪

直径12～30厘米，高4～5厘米	
500克～1千克，裹着一圈针枞树皮	
至少45%；每100克	
至少45%，每100克奶酪含20.25克	
冬、秋和春季最佳	
生乳	
薄酒莱新酒，侏罗丘	
香槟	

有皱褶的水洗式外皮呈黄至淡褐色，带有天然霉

弗朗什—孔泰（杜）

柔软如流质的白色至象牙色内芯；未煮，稍微加压

AOC规定：上杜省牛奶酪

1. 牛乳必须每天收集或送至制酪场。
2. 只能用凝乳素来使牛乳凝结，可以加热一次，温度最高40℃，但是仅限于添加凝乳素的阶段。
3. 制造现场不许备有可在加凝乳素前把牛乳快速加热至40℃以上的设备或机械。
4. 凝乳自取出模具后，必须围裹上一长条针枞树皮，并置于木盒中。

AOC颁布于1981年

老布洛涅

VIEUX-BOULOGNE

这是种新型的先加盐（pré-salé，译注：亦指在海边养的牛羊）奶酪。用的原料乳来自布洛涅（Boulogne）附近海边养的乳牛。奶酪湿润的红色外皮用啤酒洗过，臭味颇浓，啤酒味闻起来却不浓；内芯有弹性。用工匠法制造，熟成期颇长，需时 7 ～ 9 星期。

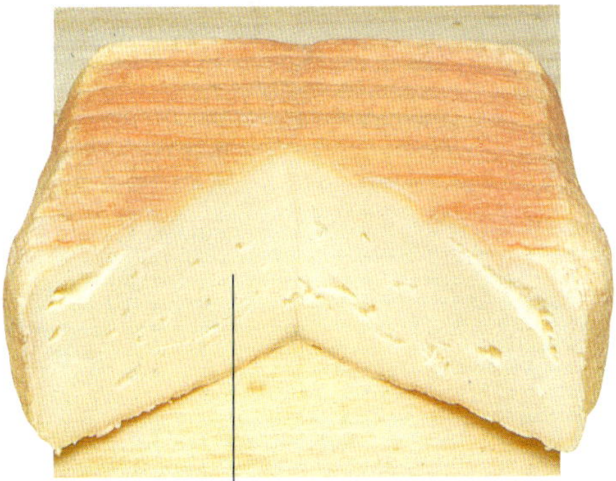

长11厘米，高4厘米	
300～500克	
45%	
全年	
生乳	
当地啤酒	
香槟	

北加莱海峡（加莱海峡）

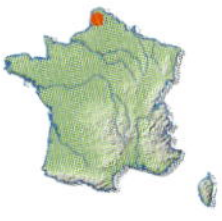

半硬的内芯；未煮，经压榨

水洗式橘红色的湿润外皮

名词释义

熟成（Affinage）：腌制并使奶酪成熟。

熟成师傅（Affineur）：腌制并使奶酪成熟的专家。

高山放牧（Alpage）：牛、羊和放牧人夏季向山上移动，任凭牛羊在山间吃草的畜牧方式。

产区名称管制AOC：Appellation d'Origine Controlee，见28页。

最佳熟成度（A Point）：奶酪成熟得恰到好处。

工匠奶酪（Artisanal）：用手工而非机器制造的奶酪。

绵羊（Brebis）：在法语中指的是绵羊或绵羊奶酪。

盐水（Brine）：掺了很多盐的水。

砖块（Brique）：形如砖块的长方形奶酪。

乳清或低脂奶酪（Brousse）：用乳清或脱脂乳制作的奶酪。

原木形奶酪（Bûche）：形如原木的奶酪。

布宏（Buron）：山区简朴的制酪小屋兼奶酪店，有睡觉的空间（奥弗涅）。

山间小屋（Cabane）：夏季在山上制作奶酪的小屋（比里牛斯山和科西嘉）。

凝乳（Caillé）：法文的凝乳之意。

方形的（Carré）：用来形容正方形奶酪的形容词。

酪蛋白（Casein）：乳中的主要蛋白质，添加凝乳素后会沉淀成为凝乳。某些奶酪的商标是用酪蛋白制作后嵌入外壳，可以食用。

高斯（Causses）：法国中央高原的石灰岩高原地区。

地窖（Cave）：天然洞穴或地下室，奶酪在其中熟成或被贮藏其中，直到可被食用为止。

灰烬（Cendré）：古法用葡萄藤灰烬涂抹的奶酪，如今则通常改用混合了盐的工业制造炭灰。

奶酪取样刀（Chesse Iron）：小型的取样器具，用来从奶酪内部取样，以测试香气、味道和质地。

母山羊或山羊奶酪（Chever）

凝结（Coagulation）：牛乳凝固，通常是因为加了凝乳素。

公社（Commune）：法国最小的行政单位。

凝乳（Curd）：运用天然熟成或添加凝乳素，使乳中脂肪和其他固体物质凝结。

省（Department）：法国现代行政划分，通常突破了老省界。

干物质（Dry Matter）：除去液体的奶酪固态部分。

纯酪量（Dry Matter）：去除奶酪中所有水分后留下的固体物质。

水果白兰地（Eau-de-vie）：一种烈酒，通常以制葡萄酒时压榨剩下的果渣制成，如酒渣白兰地。

含脂量（Fat Content）：奶酪的含脂程度，以纯酪量所含脂肪百分比来表示。

农庄奶酪（Fermier）：用来形容在农场制造的奶酪。

奶酪（Fourme）：奶酪的古语，字源衍生自用来制造奶酪的霉菌。

新鲜（Frais, Fraiche）：形容未熟成奶酪所用的词汇。

白奶酪（Fromage Blanc）：一种稍微沥过的新鲜奶酪。

含酒精奶酪（Fromage Fort）：把剩余的奶酪放在罐中，加入酒精和香草而成的风味浓烈的奶酪。

新鲜奶酪（Fromage Frais）：加了盐但并未熟成即出售的奶酪。

奶酪匠（Fromager）：1. 制酪师傅。2. 奶酪批发或零售商。

制酪场（Fromagerie）：制酪处所，有些奶酪店也以此自称。

农业共同开发协会（GAEC）：共同从事开发工作的农业协会，是一种合作社。

哈利（Halle）：有顶棚的奶酪市场。

工厂奶酪（Industreiel）：指大规模以工厂方式机械化制造的奶酪。

乳（Lait）：法文乳汁之意。

月桂叶（Laurier）：香味草的一种，有时加于奶酪中增添香气。

制酪大师（Maître Fromager）：亦即制酪专家。据制酪者公会表示，只有不到100人有此头衔。

酒渣白兰地（Marc）：利用压

◀ 巴黎一家奶酪店的地下室中，正在熟成的Testa Mora与布侯西聿奶酪榨制酒后的葡萄果渣蒸馏制成的烈酒。

甜型（Moelleux）：如天鹅绒般轻软光滑。

盐水混合液（Morge）：混合了老奶酪层的盐水，有些奶酪在熟成阶段需用此液体搓揉表面。

模型、霉菌（Mould）：1. 在制造奶酪时用来使奶酪定型的木质、金属或塑胶模具。2. 在奶酪外皮长出的霉菌，有的则在内芯中形成霉纹。

内芯（Pâte）：奶酪外皮以内的物质。

铺路石（PaVé）：一种厚厚的方形奶酪，形状如同铺路的石块。

地区（Pays）：村镇、行政区或省。

奶酪铲（Pelle）：用来舀凝乳、边缘有切面的圆铲（布里奶酪）。

乳清（Petit）：法文乳清之意。

佩西耶（Persillé）：蓝纹奶酪。

凝乳素（Rennet）：从小牛或山羊第四个胃取出的酵素，制造奶酪的过程中用来将乳中的固体物打散成可消化状态，有助乳汁凝结。有些植物具有和凝乳素同样的效果。

多姆，铎姆（Tome, Tomme）：1. 小的圆形山羊奶酪。2. 各种原料乳制成的较大型压榨奶酪。

山区放牧（Transhumance）：牛羊群在夏季从冬季牧草地或厩舍往高山牧草地移动的过程。

母牛（Vache）：指乳牛或用牛乳制的奶酪。

乳清（Whey）：乳中大部分脂肪和其他固体物皆已凝结成凝乳后剩余的物质。

天然甜葡萄酒（VDN）：Vin doux naturel，一种天然气泡白酒。

农庄奶酪精选

法国奶酪店

巴黎

Alain Dubois
80, rue de Tocquebille,
75017 Paris
250 varieties including
Époisses, Comté, Camembert

Alléosse
13, rue Poncelet, 75017 Paris
Over 200 varieties

Androuët
41, rue d'Amsterdam
19, rue Daguerre, 75014 Paris

Aux Bons Fromages
64, rue de la Pompe,
75015 Paris
Speciality: Mont d'or – 90% of cheeses direct from producers

Barthélémy
51, rue de Grenelle,
75007 Paris

Cantin
12, rue du Champ-de-Mars,
75007 Paris

Carmes
24, rue de Levis, 75017 Paris

La Cave aux Fromages
1, rue du Retrait, 75020 Paris

Cremerie Des Carmes
47 ter, boulevard Saint-Germain, 75005 Paris

Cremerie Sainte-Hyacinthe
198, rue Saint-Jacques,
75005 Paris

Eric Lefebvre
229, rue de Charenton,
75012 Paris

La Ferme Saint-Aubin
76, rue Saint-Louis en l'Ile,
75004 Paris

La Ferme Saint-Hubert
21, rue Vignon, 75008 Paris

La Ferme des Arenes
60, rue Monge, 75005 Paris

Ferme de Passy
39, rue de l'Annonciation,
75016 Paris
Specialities: Stilton with Port, Bleu des Causses, Époisses

Ferme Ste-Hyacinthe
198, rue Saint-Jacques,
75005 Paris

Ferme St-Hubert
21, rue Vignon, 75008 Paris

Fil'O Fromage
(Cherif Boubrit)
1, rue Poirier de Narçay,
75014 Paris

François Priet
214, rue des Pyrénées,
75020 Paris
200 types, including Brie de Noix, Brie aux Trois Bleux

Fromagerie d'Auteuil
58, rue d'auteuil, 75016 Paris
Specialities: Époisses, Langres, Camembert, Comté, Alpages Beaufort, Saint-Nectaire, Chèvre

La Fromagerarie Boursault
71, Avenue du General Leclerc, 75014 Paris

Fromagerie Cler
31, rue Cler, 75007 Paris

Fromagers de France
39, rue de Bretagne,
75003 Paris

Fromagerie Lepic
20, rue Lepic, 75018 Paris
Specializing in farm cheeses, Comté

Fromagerie des Moines
47, rue des Moines,
75017 Paris
Saint-Marcellin, goat cheeses, Saint-Nectaire

Fromagerie de Montmartre
39, rue du Poteau,
75018 Paris
300 types including Le Vigneron, Roquefort Délice, Chevrot

Fromagerie Mozart
48bis, avenue Mozart,
75016 Paris
Blue cheese specialist

Hamon Fromager
81, rue de Seine, 75005 Paris

Lasnier
51, rue de Tolbiac, 75013 Paris
Specialities: Camembert au Calvados, Tour Rilman

Laurent Dubois
2, rue de Lourmel,
75015 Paris

Leverrier Marcel
25, rue Danielle Casanova,
75001 Paris

Lillo
35, rue des Belles Feuilles,
75016 Paris
Mont d'or, Chèvre, Cabron frais, Tiramisu, Gâteau de Riz

Lima
1, rue Marsoulan, 75012 Paris

Marie-Anne Cantin
12 rue du Champ-de-Mars,
75007 Paris
Specialities: Saint-Marcellin, Chèvre, Comté

Au Palais du Fromage
129, avenue Victor-Hugo,
75016 Paris
Vacherin, Brie de Meaux, Chèvre, Old Gouda

Quatrehomme
62, rue de Sevres,
75007 Paris

R 2 L
13, rue Rambuteau,
75004 Paris

Roger Alleosse
13 rue Poncelet

Serraz (Gerard Serraz)

110, rue Saint-Charles,
75015 Paris
Farm cheeses, Saint-Nectaire, Ossau-Iraty

巴黎以外

Coopérative fermière Jeune Montagne
Laguiole, Aveyron
Tomme, Laguiole

La Maison du Fromage
84000 Avignon

Mille et un Fromages
8, Avenue Victor-Hugo,
64200 Biarritz

Roland Delannoy
88, rue Colonne,
Boulougne-sur-Mer

Philippe Olivier
43, rue Thiers,
62200 Boulogne-sur-Mer

La Maison Fromage et des Vins
1, rue André Gerschell, Calais

Nathalie Pinheiro
1, rue Montaigne, Calais

Domaine de Saint-Loup
14340 Saint-Loup de Fribois, Calvados
Camembert

Fromagerie Thébault
La Houssaye,
14170 Boissey, Calvados
Pont l'Évêque specialist

Société Fromagerie Coopérative de l'Abbaye
01410 Chezery Forens
Bleu de Gex

Laiterie du Chalet
Route de Ricros
03410 Domérat

Laiterie Coopérative
d'Etrez-Beauport, Etrez
Emmental

Fromagerie de Mondrepuis
02500 Hirson

Fromagerie Phillipe Olivier
3, rue du Curé St-Etienne, Lille

Fromagerie Renée Richard
Les Halles de Lyon, 102 Cours Lafayette, 69003 Lyon

Fromagerie du Château
09200, Moulis

L'Edelweiss
55 rue de France, Nice

La Ferme Fromagere
7, rue Lepante, Nice

Ferme du Verger Pilote
59550 Maroilles

Fromageries George Grillot
29, rue Lattre de Tassigny,
25290, Ornans
Comté, Mont d'or, Morbier

Earl Les Hirondelles
Le Bocage, 61470 Avernes
Saint-Gourgon, Orne
Livarot specialist

Chene Vert
B.P. 34, 24300 Saint
Front sur
Nizonne, Perigord
Goat's-milk cheeses

Volaillerie Saint-Antoine
7, rue Mirabeau, 66000,
Perpignan

André Fournier
63790 Chambon-sur-Lac,

Puy de Dôme

Saint-Nectaire specialist

Fromagerie Chabert
"Vallières"
74150 Rumilly
Crèmerie Clement
5 & 7, rue du Pre,
39200, Saint-Claude
Bleu de Gex-Septmoncel, Mont d'or, Morbier, Cancoillotte, Comté

Fromagerie de Saligny
89100 Saligny

Stephane Brun
Le Chateau, 26400, Saou
Picodon

Fromagerie Bresse Bleu, B.P.
26, 01960 Servas

L'Ami du Chambertin
Le Palet de Bourgogne,
Soumaintrain
Époisses specialist

Fromages de la Costa Moliniere
Gerard et Line Cateau, 82110
Saveterre, Tarn et Garonne
Sheep's-milk cheeses

Compagnie Fromagère Edmond de Rotschild
Domaine des 30 Arpents,
77220, Tournan-en-Brie
Brie

Table et Terroir
Saint Germain, 47300
Villeneuve sur Lot

奶酪店

AOC奶酪制造商

法国原产地命名管理局

法国原产地命名管理局（INAO）是制定并管理AOC奶酪制造商的机构，在此所有AOC制造商的信息都被记录在案。想了解更多关于AOC奶酪的信息，请参见28页。

INAO
Champs Elysées, 138
75008 Paris
www.gouv.fr

Fromagerie Cooperative Agricole de Villereversure-Cormorand
01250 Villereversure
Comté

AOC酒标

以下列出的是一些主要的AOC 奶酪制造商及合作社。

Abondance
Chambre d'Agriculture, Chemin d'Hirmentaz, 16
74200 Thonon les Bains

Beaufort
15, rue A. Aubry
73270 Albertville

Bleu d'Auvergne
Rue du Lieutenant Basset, 20
15400 Riom Es Montagnes

Bleu des Causses
B.P. 9
12004 Rodez Cédex

Bleu du Haut-Jura, de Gex, de Septmoncel
Rout Félix Peclet, 146
39220 Les Rousses

Bleu du Vercors-Sassenage

Maison du Parc
38250 Lans en Vercors

Brie de Meaux
13, rue des Fossés
77000 Melun

Brie de Melun
13, rue des Fossés
77000 Melun

Brocciu Corse / Brocciu
Maison de I'Agriculture,
ave Noël Franchini,
20999 Ajaccio,
B.P. 104, 20250 Corte

Cantal
52, ave des Pupilles de la Nation, 15001 Aurillac Cédex

Camembert de Normandie
82, rue de Bernières
14000 Caen

Chabichou du Poitou
B.P. 191
86005 Poitiers Cédex

Chaource
Hôtel de Ville
10210 Chaource

Comté
Avenue de la Résistance
39800 Poligny

Crottin de Chavignol/ Chavignol
Route de Chavignol, 9
18300 Sancerre

Emmental de Savoie
1, rue du Château
73000 Chambery

Emmental
28, rue Proudhon
25000 Besançon

Epoisses de Bourgogne
Mairie d'Epoisses
21460 Epoisses

Fourme d'Ambert / Fourme de Montbrison
4, place de l'Hôtel de Ville
63600 Ambert

Laguiole
Syndicat de Défense et de Promotion du Fromage de Laguiole
12210 Laguiole

Langres

Maison de l'Agriculture,
avenue du 109e R.I, 26
52011 Chaumont Cédex

Livarot
82, rue de Bernières
14300 Caen

Maroilles / Marolles
U.R.I.A.N.E., B.P. 20,
148 avenue du
Général de Gaulle
02260 La Cappelle

Mont d'or /
Vacherin du Haut-Doubs
Rue Proudhon, 26
25006 Besançon

Morbier
Valparc Espace Valentin
F-25048 Besancon Cédex

Munster / Munster-Géromé
1, place de la Gare, B.P. 7
68001 Colmar Cédex

Neufchâtel
76270 Neufchâtel-en-Bray

Ossau-lraty
Maison Bazatchartenea
64120 Ostabat

Pélardon
Domaine de Saporta
34970 Lattes

Picodon de l'Ardèche /
Picodon de la Drôme
Le Number One, Rue Frédéric
Chopin, 26000 Valence

Pont-l'Evêque
82, rue de Bernières
14300 Caen

Pouligny-Saint-Pierre
Rue Cabouin, 7
36300 Pouligny-Saint-Pierre

Reblochon /
Reblochon de Savoie
Rue Saint Blaise B-P 55
74230 Thones

Rocamadour
Maison de l'Agriculture du Lot
Avenue Jean-Jaurès, 430
48004 Cahors Cedex

Roquefort
B.P. 2, 12103 Millau Cédex

Saint-Nectaire
Route des Fraux, 2 -
B.P. 9
63610 Besse en Chandesse

Sainte-Maure de Touraine
Mairie de Sainte-Maure
de Touraine
37800 Sainte-Maure
de Touraine

Salers
52, avenue des Pupilles
de la Nation – Résidence
Auvergne - B.P. 124,
15001 Aurillac Cédex

Selles-sur-Cher
Route de Varennes, 15
36600 La Vernelle

Tomme de Savoie
Maison de l'Agriculture, 52,
avenue des Îles
74994 Annecy Cédex 9

Tomme des Pyrénées
183, Avenue des Etats-Unis
31016 Toulouse Cédex

参考书目

Androuët, Pierre, Guide du Fromage, Stock, Paris, 1971 (in French). English translation, Aidan Ellis, 1973; 2nd edition, Aidan Ellis, 1977; revised 1983.

Androuët, Pierre, Le Livre d'or du Fromage, Atlas, Paris 1984

Androuët, Pierre, and Chabot, Yves, Le Brie, Presses du Village, Etrepillat, 1985

Annuaire des Industries Laitières, Comindus, Paris, 1991

Atlas Routier France, Michelin, London, 1989

Barthelemy, Roland, Cheeses of the World, Hachette Illustrated, 2004

Bon, Colette, Les Fromages, Hachette, Paris, 1979

Cart-Tanneur, Philippe, Fromages et Vins de France, Trame Way, Paris, 1989

Charron, G. Les Productions Laitières

Chast, Michel, and Voy, Henry, Le Livre de l'Amateur de Fromages, Robert Laffont, Paris, 1984

Clozier, René, Géographie de la France, Collection "Que sais-je?" Presses Universitaires de France, Paris, 1970

Courtine, Robert J., Grand Livre de la France à Table, Bordas, Paris, 1982

Courtine, Robert J., Larousse des Fromages, Librairie Larousse, Paris, 1987

Downing Charpentier, Marolyn, Les Fromages/French Cheese, Brown Trout 2002

Eck, André, Fromages, Technique et Documentation (Lavoisier), Paris, 1987

Evette, Jean-Luc, La Fromagerie, Presses Universitaires de France, Paris, 1975

Foubert, Jean-Marie, Guide de la Route du Fromage, Charles Corlet, Condé-sur-Noireu, 1987

Girard, Sylvie, Fromages, Editions Hermé, Paris, 1986

Handbook of Cheese, Hachette Illustrated, English Translation Octopus, 2003

Le Jaouen, Jean-Claude, La Fabrication du Fromage de Chèvre Fermier, Itovic, Paris, 1982

Journal Officiel de la République Française

Le Liboux, Jean-Luc, Nouveau Guide des Fromages de France, Ouest-France, Rennes, 1984

Michelin Guide de Tourisme, Michelin, Paris

Michelson, Patricia, The Cheese Room, Michael Joseph, 2001

Montagne, Prosper, and Gottschalk, Docteur, Larousse Gastronomique, Librairie Larousse, Paris, 1938

Petit Robert (1, 2), Dictionnaires Le Robert, Paris, 1989

Rance, Patrick, The French Cheese Book, Macmillan, London, 1989

Ridgway, Judy, The Cheese Companion: The Connoisseurs's Guide, Apple Press, 2002

Roc, Jean-Claude, Le Buron de la Croix Blanche, Editions Watel, Brioude, 1989

Stobbs, William, Guide to the Cheeses of France, Apple Press, London, 1984

Viard, Henry, Fromages de France, Dargaud, Paris, 1980

作者简介

增井和子（Kazuko Masui）
本书主要作者，居于巴黎。从1980年起开始研究法国奶酪，著有多本关于美食的书籍。

山田友子（Tomoko Yamada）
本书合著者，25年来在法国与东京两地钻研法国美食。

丸山洋平（Yohei Maruyama）
日本知名摄影家，获奖无数，作品有《寿司之最》、《品味巴黎》。

乔艾尔·侯布雄（Joël Robuchon）
前言作者，虽已功成身退，但仍被认为是国际知名主厨。

蓝道夫·哈吉森（Randolph Hodgson）
英国奶酪制造专家协会创始人，在伦敦柯芬园经营乳品店。

罗佰与依莎贝·维菲安（Robert and Isabelle Vifian）
奶酪与葡萄酒品鉴专家。在巴黎经营餐厅，其酒单在法国排名前五位。

奶酪制造商与销售商

出版者谨向以下制造商、销售商在本书出版过程中所给予的帮助及所提供的有价值的专业知识表示感谢：

The nuns at Abbaye de la Joie Notre-Dame, Campénéac; Pierre Androuët; B. Antony, 17 rue de la Montagne, Vieux Ferrette; Roland Barthelemy, 51 rue de Grenelle, Paris; Batut, 22 rue Vieille-du-temple, Paris; J. Blanc, Crémerie des Halles, St-Jean-de-Luz; Daniel Boujon, 7 rue Saint-Sébastien, Thonon-les-Bains; Xavier Bourgon, 6 Place Victor-Hugo, Toulouse; Michel Bourgue, La Maison du Fromage, Les Halles Centrales, Avignon; R. Bousquet, Halles Centrales, Carcassonne; Le Cagibi, 17 allée d'Etigny, Luchon; Le Calendos, 11 rue Colbert, Tours; M. and Mme Cantin, 12 rue du Champ-de-Mars, Paris; Mme Cazaux, La Barthe-de-Neste; Gilbert Chemin, Crémerie du Couserans, 3 rue de la République, Saint-Girons; Edouard Ceneri, La Ferme Savoyarde, 22 rue Meynadier, Cannes; Brigitte Cordier and Françoise Fleutot, Montlaux; Jacques and Jacqueline Coulaud, 24 rue Grenouillit, Le Puy; M. and Mme Claude Dupin, 41 rue Gambetta, Saint-Jean-de-Luz; François Durand, La Heronnière, Camembert; Fromageries Bel, 4 rue d'Anjou, Paris; Henri Grillet, Crémerie du Gravier, Aurillac; M. and Mme Jacques Guerin, La Fromagerie, 18 rue Saint-Jean, Niort; Jean-Martin and Margot Kempf, 155 Ferme du Saesserlé, Breitenbach; Raymond Lecomte / Odette Jenny, 76 rue Saint-Louis-en-l'Ile, Paris; M. and Mme Jean-Pierre Le Lous, Marché des Grands-Hommes, Bordeaux; Michel Lepage, Conseils-Assistance-Fromagers, 3 Les Prés Claux, Oraison; Gérard Loup and family, Les Provins, Puimichel; M. and Mme Marius Manetti, Col de San-Bastiano, Calcatoggio; Marechal, Halle de Lyon, 102 Cours Lafayette, Lyon; Alain Martinet, 102 Cours Lafayette, Lyon; E. Millat, Halle Brauhauban, Tarbes; Jean-Pierre Moreau, Elevage Caprin de Bellevue, Pontlevoy; Philippe Olivier, 43-45 rue Thiers, Boulogne-sur-Mer; G. Paul, 9 rue des Marseillais, Aix-en-Provence; A. Penen and family, Préchacq-Navarrenx; Denis Provent, Laiterie des Halles, 2 Place de Genève, Chambéry; René and Renée Richard, Halle de Lyon, 102 Cours Lafayette, Lyon; Jacques Vernier, La Fromagerie Boursault, 71 avenue du Général Leclerc, Paris; Henry Voy, La Ferme Saint-Hubert, 21 rue Vignon, Paris

致谢

出版者感谢以下机构在出版过程中所给予的协助：

Association Marque Collective Savoie; Association Nationale des Appellations d'Origine Laitières Françaises; Centre Interprofessionnel de Documentation et d'Information Laitières; Chambre d'Agriculture; Cheese & Wine Academy, Tokyo; Coopérative de Lullin; Coopérative A Pecurella; Crédit Agricole, Corsica; Institut National des Appellations d'Origine; Maison du Fromage, Valençay; Fermier S. A; Snow Brand Milk Products; La Société Fromagère de la Brie; Société des Caves et des Producteurs Réunis de Roquefort; Syndicat de Fromages d'Appellation d'Origine

出版者感谢以下个人在出版过程中所给予的协助：

T. Basset, François Durand, Collette and Catherine Faller, A. Franceschi, Katsushi Kitamura, Katsunori Kobayashi, J.-E. La-Noir, Yohko Namioka, D. Pin, A. Vinciguerra

特别感谢：Kikuko Inoue, Takayoshi Nakasone, Kozue Tarumi, and Reiko Mori

地图插图： John Plumer
218页插图：Claire Littlejohn
图片研究助理：Celia Dearing

出版者感谢以下人员允许本书使用其所拍摄的照片：（缩写示意: t=上, b=下, r=右, l=左,c=中）

1: Corbis/ © Owen Franken;
2-3: Corbis/ © John Heseltine;
4: Corbis/ © Adam Woolfitt;
5: Corbis/ © Owen Franken;
6-7: Alamy Images/ © Zyarescu;
14-15: Alamy Images/ © Robert Harding Picture Library Ltd (b);
14-15: Corbis/ Ludovic Maisant (t);
18: Corbis/ © Owen Franken;
20: Corbis/ © Franz-Merc Frei (b); © Owen Franken (t);
29: Corbis/ © Rob Howard;
32-33: Corbis/ © Ludovic Maisant;
36-37: Corbis/ © Ludovic Maisant;
37: Corbis/ © Owen Franken (t);
44-45: Alamy Images/ © Robert Harding Picture Library Ltd;
45: Corbis/ © Ludovic Maisant (t);
86-87: Corbis/© Adam Woolfitt;
87: Corbis/© Ludovic Maisant (t);
125: Corbis/ © Paul Almasy;
162-163: Corbis/ © Adam Woolfitt ; 163: Corbis/ © Ludovic Maisant (t); 168: Corbis/ © Paul Almasy (b);
184-185: Alamy Images/© Images-of-France (b);
184-185: Corbis/ © Ludovic Maisant (t);
198-199: Corbis/ © Sandro Vannini;
199: Corbis/ © Ludovic Maisant (t);
210-211: Corbis/ © Adam Woolfitt;
211: Corbis/© Ludovic Maisant (t);
220-221:Corbis/ © Adam Woolfitt;
221: Corbis/ © Ludovic Maisant (t);
226: Corbis/ © Yves Forestier/Sygma (b);
228-229: Alamy Images/ © Photolocate;
229: Corbis/ © Ludovic Maisant (t);
262-263: Corbis/ © O. Amamany & E.Vicens;
263: Corbis/ © Ludovic Maisant (t);
271: Corbis/ © Rougemont/Sygma (tr);
274-275: Corbis/© Owen Franken。